高等职业教育机电工程类系列教材

变频器技术

主　编　张建国

副主编　林炳魁　翁锦华　林海涨　霍英杰　林义评

参　编　李捷辉　张贤慧　朱洪辉　张奕樱　陈　杰

西安电子科技大学出版社

内 容 简 介

本书是根据高职高专教育教学改革的要求和多年教学改革实践经验编写的。书中内容采用项目任务方式组织编写，目的是提高学生的实践动手能力。

本书主要介绍变频器技术的基本概念、分析方法和主要的实际应用，内容包括变频器的发展，变频器相关知识，变频器的基本运行模式，变频器常用控制电路的设计，变频器的选择、安装与维护和变频器在典型工业控制系统中的应用等。

本书可作为高等职业技术学院电气、机电技术专业"变频器技术"课程的教材，也可供从事电气、机电技术工作的技术人员参考。

图书在版编目(CIP)数据

变频器技术 / 张建国主编. --西安：西安电子科技大学出版社，2023.8
ISBN 978 - 7 - 5606 - 6843 - 7

Ⅰ. ①变… Ⅱ. ①张… Ⅲ. ①变频器—高等职业教育—教材 Ⅳ. ①TN773

中国国家版本馆 CIP 数据核字(2023)第 065961 号

策 划	刘小莉	
责任编辑	刘小莉	
出版发行	西安电子科技大学出版社(西安市太白南路2号)	
电 话	(029)88202421 88201467	邮 编 710071
网 址	www.xduph.com	电子邮箱 xdupfxb001@163.com
经 销	新华书店	
印刷单位	陕西天意印务有限责任公司	
版 次	2023 年 8 月第 1 版	2023 年 8 月第 1 次印刷
开 本	787 毫米×1092 毫米 1/16	印张 14
字 数	332 千字	
印 数	1～3000 册	
定 价	36.00 元	

ISBN 978 - 7 - 5606 - 6843 - 7/TN

XDUP 7145001 - 1

***** 如有印装问题可调换 *****

前　言

PREFACE ◀◀◀

　　"变频器技术"课程是高职高专院校电气、机电类专业的一门工程性和实践性很强的专业课程，重在培养学生的分析和应用能力。该课程主要介绍的是电气设备和机电控制系统中变频器的有关技术。随着智能制造技术的发展，"变频器技术"课程的教学内容也在不断充实。

　　为了适应智能制造技术的飞速发展和高职高专教育教学的要求，更好地培养应用型、技能型高级电气、机电技术人才，编者在多年教学改革与实践经验的基础上，以培养学生综合应用能力为出发点编写了本书。根据二十大精神，本书结合机电技术的专业特点，将人民至上、自信自立、守正创新、问题导向、系统观念、胸怀天下的思想融入技能训练的编写中，从而培养学生胸怀祖国、服务人民的爱国精神，勇攀高峰、敢为人先的创新精神，引导学生努力把科技自立自强信念自觉融入人生追求之中，努力把自我发展融入推动全面建成社会主义现代化强国，实现第二个百年奋斗目标，以中国式现代化全面推进中华民族伟大复兴的实践中。

　　本书采用项目任务编写模式，在编写上遵循"以应用为目的，以必需、够用为度"的原则，突出学生职业能力的培养和训练，注重课程的实验与实训。本书共六个项目：项目一介绍变频器的发展；项目二至项目五分别介绍变频器相关知识，变频器的基本运行模式，变频器常用控制电路的设计，变频器的选择、安装与维护等；项目六介绍变频器在典型工业控制系统中的应用。本书每个项目后都配有思考与练习题，以帮助学生复习和巩固所学知识。另外，本书配备了相应的技能训练及技能综合实训等内容。本书的参考学时数为 40 学时（含技能训练）。

　　张建国任本书主编，负责本书大纲的策划和编写内容的选定；林炳魁、翁锦华、林海涨、霍英杰、林义评任副主编，参与本书大纲的策划和编写内容的审核、校对；李捷辉、张贤慧、朱洪辉、张奕樱、陈杰等参与本书大纲的策划。为加强校企合作，编写具有校企"双元"合作特色的书，提高学生的生产实践能力，福建珈玛电气有限公司总经理林义评也参与了本书的编写。在此本书全体编者对关心、帮助本书的编写、出版、发行的各位同志一并表示谢意。

　　由于变频器技术发展迅速，编者水平有限，书中难免有不妥之处，恳请广大读者批评指正。

编者

2023 年 5 月

目　录
CONTENTS ◀◀◀

项目一　变频器的发展

（1）理解电气调速系统与交流变频调速的优势；

（2）了解变频器的发展及应用。

能力目标

（1）能够深入了解电气调速系统与交流变频调速的优势；

（2）能够熟知变频器的应用。

变频器是利用电力半导体器件的通断作用将电压、频率固定不变的交流电变换为电压、频率都连续可调的交流电的装置，其主要用于调节交流电动机的转速。变频调速以其自身所具有的调速范围广、调速精度高、动态响应好等优点，在许多需要精确速度控制的应用中发挥着提高产品质量和生产效率的作用。除此之外，变频器还有显著的节能效果，应用于相关工业设备和民用产品中，也起到了节约电费、提高设备性能、保护环境等作用。

任务1　电气调速系统与交流变频调速

任务要求：

（1）了解交流调速系统的优点和应用；

（2）掌握交流变频调速的优势。

1.1.1　交流调速系统的优点和应用

1. 交流调速系统的定义

传动控制系统就是通过对电动机进行控制，将电能转换为机械能，并控制工作机械按照给定的运动规律运行的装置。用直流电动机作为原动机的传动方式为直流传动，用交流电动机作为原动机的传动方式为交流传动。在电气传动系统中，对电动机的控制包括对电动机的启动、制动、正反转及速度等进行的控制。以完成对电动机速度控制为目的的电气传动系统称为电气调速系统，其又可分为直流调速系统和交流调速系统两大类。

2. 直流调速系统的优点和缺点

直流调速系统的优点为调速范围大、静差小、稳定性好以及动态性能良好。

直流调速系统的缺点有以下几个方面：

(1) 直流电动机结构复杂、成本高、故障多、维修困难。

(2) 使用场合受到限制，不适用于易燃、易爆、易腐蚀等恶劣环境。

(3) 直流电动机的换向器限制了单机容量及最高转速。

3. 交流调速系统的优点和主要应用

交流调速系统的优点为调速范围宽、工作效率高、稳态精度高、动态响应快及支持四象限运行等。

交流调速系统的应用领域主要有以下四个方面：

(1) 以节能为目的的交流调速系统。

(2) 高性能的交流调速系统和伺服系统。

(3) 特大容量、极高转速的交流调速系统。

(4) 取代热机、液压、气动控制的交流调速系统以及取代直流调速的交流调速系统。

1.1.2 交流变频调速的优势

交流变频调速的优势主要有以下几个方面：

(1) 交流变频调速系统的调速范围大，能够平滑调速，可实现较高的静态精度及动态品质。

(2) 交流变频调速系统可以直接在线启动，启动转矩大、启动电流小，减小了对电网和设备的冲击，且具有转矩提升的功能，可节省软启动装置。

(3) 变频器内置功能多，可以满足不同的工艺要求；保护功能完善，能够自诊断并显示故障所在，维护方便；具有通用的外部接口端子，可以同计算机、PLC 联机，便于实现自动控制。

(4) 交流变频调速系统在节能方面有很大的优势，是目前世界公认的交流电动机最理想的调速系统。

任务 2 变频器的发展及应用

任务要求：

(1) 了解变频器的发展；

(2) 掌握变频器的应用。

1.2.1 变频器的发展

1. 电力电子器件是变频器发展的基础

随着电力电子器件由半控器件 SCR 发展为全控器件 GTO、GTR、MOSFET、IGBT 和 IPM，变频器也经历了不同的发展阶段。

第一代变频器是由晶闸管(SCR)组成的，其功能差、频率低。

第二代变频器是由门极可关断晶闸管(GTO)和电力晶体管(GTR)组成的，变频器开关频率在 2 kHz 以下，脉宽调制(PWM)技术开始应用，可输出正弦波电压和电流，但载波频率和最小脉宽受限，噪声大。

第三代变频器是由电力场效应晶体管(MOSFET)和绝缘栅双极晶体管(IGBT)组成的，变频器开关频率可达 20 kHz 以上，PWM 调制的逆变器谐波噪声大大降低。变频器功率大，应用广泛。

第四代变频器是由智能功率模块(IPM)组成的，其具有过流、短路、过压、欠压和过热等保护功能，还可以实现再生制动，其体积、重量和连线大为减少，而可靠性大为提高。

2. 计算机技术和自动控制理论是变频器发展的支柱

计算机技术使变频器的功能从单一的变频调速功能发展为包含算术、逻辑运算及智能控制等综合功能；自动控制理论的发展使变频器在改善压频比控制性能的同时，具有能实现矢量控制、直接转矩控制、模糊控制和自适应控制等多种模式。现在的变频器已经内置有参数辨识系统、PID 调节器、PLC 控制器和通信单元等，根据需要可实现拖动不同负载、宽调速和伺服控制等多种应用。

3. 市场需求是变频器发展的动力

变频器的问世为交流电动机的调速提供了契机，不仅可取代结构复杂、价格昂贵的直流电动机调速，而且能节省大量的能源。

现在全国电动机的装机容量约为 5 亿千瓦，按一半为风机泵类负载计算，装机容量约为 2.5 亿千瓦。如果将其中的 40% 进行变频调速节能改造，则可节约 1 亿千瓦的装机容量。目前，我国已使用的变频器总容量大约为 1000~1500 万千瓦，可见，我国潜在的变频器应用市场是非常大的。

变频器作为商品在国内上市是近二十年的事，其销售额呈逐年增加的趋势。据有关资料报道，我国 2022 年变频器的销售额已突破九百亿元。

4. 变频器的发展趋势

今天，电力电子产品的基片已从 Si(硅)变换为 SiC(碳化硅)，使电子电力新器件进入到高电压、大容量化、高频化、组件模块化、微小型化、智能化和低成本化的时代，多种适宜变频调速的新型电动机正在开发研制之中。迅猛发展的 IT 技术以及不断创新的控制理论等与变频器相关的技术和理论将影响变频器的发展趋势。

变频器正朝着智能化、专门化、一体化、操作简便、功能健全、安全可靠、环保低噪、低成本和小型化的方向发展。

1.2.2　变频器的应用

变频器主要应用在以下几个方面。

(1)变频器在节能方面的应用：风机、泵类负载采用变频调速后，节电率可以达到 20%~60%。

(2)变频器在自动化系统中的应用：化纤工业中的卷绕、拉伸、计量、导丝，玻璃工业中的平板玻璃退火炉、玻璃窑搅拌、拉边机、制瓶机，电弧炉自动加料、配料系统以及电梯的智能控制等都是变频器在自动化系统中的应用。

(3)变频器在提高工艺水平和产品质量方面的应用：变频器可用在物料传送、起重、挤压等各种机械设备控制领域，它可以提高工艺水平和产品质量，减少设备的冲击和噪声，延长设备的使用寿命。

项 目 小 结

电力电子器件是变频器发展的基础，计算机技术和自动控制理论是变频器发展的支柱。电力电子器件由最初的半控器件 SCR，发展为全控器件 GTO、GTR、MOSFET、IGBT，近年来又研制出智能功率模块（IPM），单个器件的电压和电流的定额越来越大，工作速度越来越高，驱动功率和管耗越来越小。计算机技术和自动控制理论使变频器的容量越来越大，功能越来越强。市场需求是变频器发展的动力，据测算我国潜在变频调速市场在 1 亿台以上。

变频器正朝着智能化、专门化、一体化、操作简便、功能健全、安全可靠、环保低噪、低成本和小型化的方向发展。

变频器的应用主要在节能、自动化系统及提高工艺水平和产品质量等方面。

思 考 与 练 习 题

1. 什么是传动控制系统？直流传动和交流传动有什么不同之处？
2. 直流调速系统有哪些缺点？
3. 交流调速系统的应用领域主要有哪些？
4. 交流变频调速有哪些优势？
5. 简述变频器的发展趋势。

项目二 变频器相关知识

 学习目标

(1) 掌握交流电动机交流变频调速与电气调速技术；

(2) 掌握变频器的基本结构和工作原理；

(3) 了解变频器中常用的电力电子器件；

(4) 了解变频器的应用；

(5) 掌握变频器的控制方式。

能力目标

(1) 能够深入了解交流电动机交流变频调速与电气调速技术；

(2) 熟知变频器的基本结构和工作原理及其应用；

(3) 能够熟练应用变频器的控制方式。

目前，变频器主要的应用目的有两个方面：一方面是为了满足生产工艺调速的要求；另一方面是为了节能的需要。当变频调速技术与 PLC 控制相结合时，可以进行较为复杂的调速控制，提高生产机械的控制性能、劳动生产率和产品质量，大幅度降低能耗，满足各种加工要求。变频调速是目前最有前景的交流调速方式。

任务 1 交流电动机调速

任务要求：

(1) 理解三相交流异步电动机的工作原理；

(2) 掌握三相交流异步电动机的调速方法；

(3) 理解三相交流异步电动机变频调速的机械特性；

(4) 了解异步电动机和同步电动机的差别。

2.1.1 交流电动机变频调速技术简介

交流电动机变频调速是通过变频器来实现的。变频器中应用了电力电子变频技术与微电子控制技术，通过改变电动机工作电源的频率来控制交流电动机的转动速度。变频器主要由整流(交流变直流)单元、滤波单元、逆变(直流变交流)单元、制动单元、驱动单元、检测单元、微处理单元等组成。变频器靠内部 IGBT 的开断来调整输出电源的电压和频率，根据电动机的实际需要来提供其所需要的电源电压，进而达到节能、调速的目的。另外，变频器还有很多的保护功能，如过电压、过电流、过负载保护等。图2.1所示的是几种变频器实物图。

图 2.1　变频器实物图

　　交流电动机分为异步电动机和同步电动机两大类。其中异步电动机结构简单、运行可靠、维护方便、价格低廉，是所有电动机中应用最广的一种。据统计，目前在电力拖动中，90%以上采用的是异步电动机。在电力系统总负荷中，三相异步电动机占50%以上，因此，了解三相异步电动机的变频调速相关知识具有重要意义。

2.1.2　交流电动机电气调速技术

1. 电动机

电动机是把电能转换成机械能的一种设备。它利用通电线圈（也就是定子绕组）产生旋转磁场并作用于转子(如鼠笼式闭合铝框)形成磁电动力旋转扭矩。按使用电源不同,电动机分为直流电动机和交流电动机。电力系统中的电动机大部分是交流电动机,可以是同步电动机或者是异步电动机(电动机定子磁场转速与转子旋转转速不保持同步)。电动机在机械、冶金、石油、煤炭、化学、航空、交通、农业、国防、文教、医疗等行业中都起着不可或缺的作用。

电动机主要组成部分有电路部分(由定子、转子组成)、磁路部分(由定子、转子铁芯组成)、机械部分(由基座、端盖、轴和轴承等组成)。通电导线在磁场中受力运动的方向跟电流方向和磁感线(磁场方向)方向有关。电动机的工作原理是利用定子线圈在通电电流的作用下产生磁场,转子切割磁力线产生感应电流,经转子闭合线圈产生转矩的作用,使电动机转动。电动机的控制具有自启动、加速、反转、制动等功能,能满足各种工艺的运行要求。同时,电动机还具有工作效率较高、没有烟尘、安装较为方便、不污染环境和噪声较小等特点。

随着科学技术的不断进步,电动机的原理和制造已经趋于成熟。现已研制开发出多种适用不同工作场合的电动机,从不同的角度出发,电动机有不同的分类方法,以下介绍常用的电动机的分类。

(1) 按使用电源分类。根据使用电源的不同,电动机可分为直流电动机和交流电动机。其中,交流电动机还分为单相交流电动机和三相交流电动机。

(2) 按启动与运行方式分类。按启动与运行方式不同,电动机可分为电容运转式电动机、电容启动式电动机、电容启动运转式电动机和分相式电动机。

(3) 按结构与工作原理分类。按结构与工作原理不同,电动机可分为异步电动机和同步电动机。

(4) 按运转速度分类。按运转速度不同,电动机可分为高速电动机、低速电动机、恒速电动机和调速电动机。

(5) 按转子的结构分类。按转子的结构不同,电动机可分为笼型异步电动机和绕线型异步电动机。

(6) 按用途分类。按用途不同,电动机可分为驱动用电动机和控制用电动机。

2. 交流电动机

本项目着重介绍三相交流异步电动机的结构、工作原理和调速方法等内容。

从能量转换的角度来看,三相交流电动机实际上就是一个电磁能量转换器。交流电动机将电能转化为机械能,相反地,交流电动机在发电运行时将机械能转化为电能。按定子和转子是否同步,三相交流电动机可分为两大类,即三相交流异步电动机和三相交流同步电动机。

三相交流异步电动机在我们的生活中随处可见,控制电梯升降的电动机、水泵等都可选择三相交流异步电动机作为执行部件。由于三相交流异步电动机具有结构简单、体积小、经济耐用、制造容易和运行可靠等诸多优点,已经在很多领域被广泛应用。

三相交流异步电动机主要由定子和转子两大部分组成,定子和转子之间有一定的气隙。此外三相交流异步电动机的其他部件还有端盖、轴承、机座和风扇等。三相交流异步电动机的拆分图如图 2.2 所示。

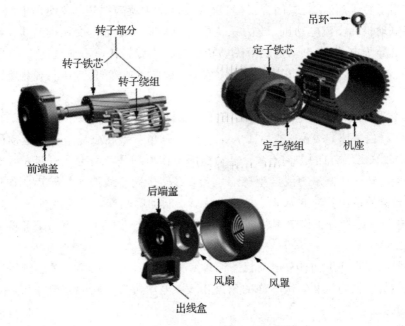

图 2.2 三相交流异步电动机的拆分图

1) 定子

三相交流异步电动机的定子铁芯由表面涂有绝缘漆的薄硅钢片叠压而成。薄硅钢片是一种含碳极低的硅铁软磁合金，厚度为 0.35～0.5 mm，含硅量一般在 0.5%～4.5%。加入硅可提高铁的电阻率和最大磁导率，从而降低矫顽力、铁芯损耗(铁损)和磁时效。为了减少交变磁通通过而引起的铁芯涡流损耗，薄硅钢片一般都较薄，并且硅钢片的片与片之间是绝缘的。定子绕组就镶嵌在定子铁芯内圆的槽里面，这些定子铁芯内圆的槽是均匀分布的。

三相交流异步电动机的定子绕组由 3 个彼此独立的绕组组成，一个绕组就是电动机的一相，每相绕组在空间上相差 120°电角度。每个绕组都有很多线圈连接而成，线圈多使用绝缘铜导线或绝缘铝导线进行绕制。定子三相绕组的 6 个出线端在绕制电动机时引出到电动机的接线盒上，首端分别标为 U1、V1、W1，末端分别标为 U2、V2、W2。这 6 个出线端在接线盒里可以按三角形(△)接法和星形(Y)接法排列，分别如图 2.3 和图 2.4 所示。

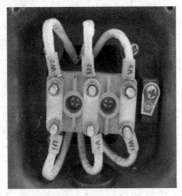
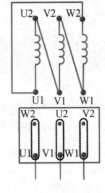

图 2.3 定子绕组的三角形接法

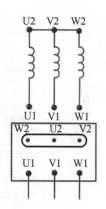

图 2.4 定子绕组的星形接法

　　三相交流异步电动机的定子绕组有 6 个引出线，打开端子接线盒就可看见其首端、末端。通常情况下，在接线盒的端盖上会给出接线图，也就是说，根据电动机铭牌上标明的接线方法接线即可。

　　这里需要说明的是，当电动机铭牌上标明电压为 380 V/220 V、接法为 Y/△时，如果电源电压是 380 V，则应采用 Y 接法，如果电源电压是 220 V，则采用△接法。当电动机铭牌上标明电压为 380 V、接法为△时，说明只有△接法这一种接线方法，但我们可以通过外部的 Y－△启动的控制方法，即在启动过程中采用 Y 接法，启动完成后，利用△接法来解决启动电流过大的问题。对于一些高压电动机，端子盒中只有三根引出线，接线时只要电源电压符合电动机铭牌上标明的电压即可。

　　2）转子

　　三相交流异步电动机的转子由转子铁芯、转子绕组和转轴组成。三相交流异步电动机的转子铁芯和定子铁芯一样，也是由硅钢片叠压成的。转子绕组的形式主要有绕线型和笼型两种，分别如图 2.5 和图 2.6 所示。

图 2.5 绕线型转子绕组

图 2.6 三相笼型转子绕组

　　绕线型转子绕组与外加电阻接线图如图 2.7 所示。图中，L1、L2、L3 是三相交流电。这样就可在转子电路中串接电阻来改善电动机的运行性能。

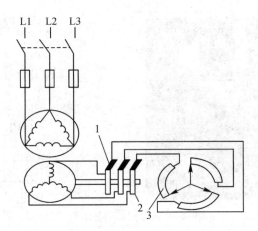

1—电刷；2—滑环；3—电阻片

图 2.7　绕组型转子绕组与外加电阻接线图

笼型转子绕组是指在转子铁芯的每个槽内放置一根铜条或铝条，在放置的铜条或铝条两端各用一个铜环或铝环把这些导条连接起来，形成一个相当于短路的绕组，并且整个绕组的形状像一个松鼠笼子。所以我们形象地称具有这种转子绕组的电动机为笼型电动机。为节省成本，对于小功率的笼型异步电动机，一般采用铸铝的方法生产铸铝的笼型转子，即将熔化的铝液直接浇铸在转子铁芯上的槽里，连同转子导条和铝环、风扇叶片一次浇铸而成。笼型铜条转子结构如图 2.8 所示。

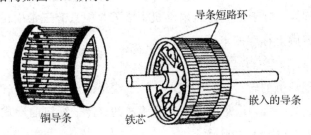

图 2.8　笼型铜条转子结构图

3）气隙

气隙是定子和转子间很小的间隙。在中小型异步电动机中，气隙一般为 0.2～1.5 mm。定子与转子之间的气隙不能太大或太小，因为如果气隙太大，则在保证同样磁通的条件下，所要求的励磁电流也变大，这样会影响电动机的功率因数。同样，气隙也不能太小，否则定子和转子会发生摩擦和碰撞而损坏。

3. 三相交流异步电动机的工作原理

1）旋转磁场

（1）旋转磁场的产生。

三相交流异步电动机主要由定子和转子组成。定子上装有互差 120° 的 U、V、W 三相对称绕组，当三相对称绕组通以三相对称交流电后，就产生三相互差 120° 的三相对称交流电流，这样便会产生一个旋转磁场。旋转磁场的产生过程如图 2.9 所示。

由图 2.9(a) 和图 2.9(b) 可知，当 $\omega t = 0$ 时，若电流 i_U 为 0，电流 i_W 为正值，则电流从

W1 流入(标为×)，从 W2 流出(标为·)；若电流 i_V 为负值，则电流从 V2 流入(标为×)，从 V1 流出(标为·)。定子绕组产生的磁通方向可用安培定律判断，得出如图 2.9(b)所示的磁场方向，磁场方向为上 N 下 S。

当 $\omega t = \pi/2$ 时，电流 i_U 为最大，电流 i_V、i_W 为负值，实际电流从 U1 流入，从 U2 流出后，分别再从 W2、V2 流入，从 W1、V1 流出，电流合成的磁场方向如图 2.9(c)所示，可见磁场方向已较 $\omega t = 0$ 时按顺时针方向转过 90°。

同理，当 $\omega t = \pi$、$\omega t = 3\pi/2$、$\omega t = 2\pi$ 时电流合成的磁场方向分别如图 2.9(d)、图 2.9(e)、图 2.9(f)所示。从这几个图中可以看出，随着三相交流电一周的运行，三相合成磁场刚好按顺时针方向旋转一周。

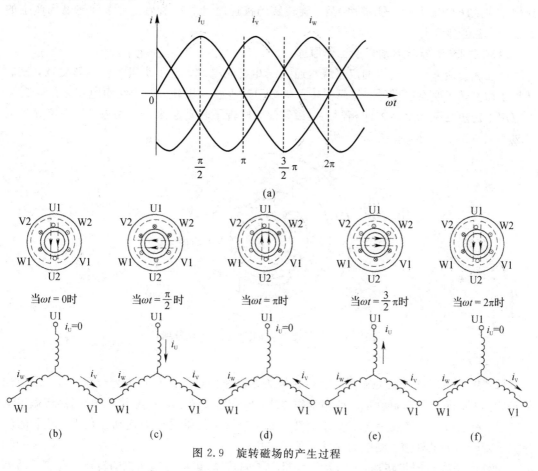

图 2.9 旋转磁场的产生过程

(a) 三相对称交流电流的波形；(b)$\omega t = 0$ 时电流和磁场的方向；(c) $\omega t = \dfrac{\pi}{2}$ 时电流和磁场的方向；

(d) $\omega t = \pi$ 时电流和磁场的方向；(e) $\omega t = \dfrac{3\pi}{2}$ 时电流和磁场的方向；(f) $\omega t = 2\pi$ 时电流和磁场的方向

产生旋转磁场的条件有两个，一是三相定子绕组在空间上相差 120°电角度；二是通入三相对称交流电。

(2) 旋转磁场的转速。

旋转磁场的转速也称同步转速。当三相对称交流电流不断随时间变化时，它们共同产生的合成磁场也随着电流的变化而在空间不断地旋转，这就是旋转磁场。同步转速与三相

交流电的频率和三相交流异步电动机定子绕组的磁极对数有关，其关系表达式为

$$n_1 = \frac{60f_1}{p}$$

式中：n_1——同步转速，r/min；

f_1——三相交流电的频率，Hz；

p——三相交流异步电动机定子绕组的磁极对数。

（3）旋转磁场的转向。

旋转磁场的转向由三相交流电的相序决定，若三相交流电为正序（或顺序，即按 U－V－W 排列），则旋转磁场按顺时针方向旋转。当将三相交流电的任意两相对调（即三相交流电为逆相序或反序，按 W－V－U 排列）后，旋转磁场按逆时针方向旋转。对于旋转磁场产生的过程，读者可参考上述内容自行分析。

（4）三相交流异步电动机的工作原理。

当三相交流异步电动机的定子绕组通入三相交流电时，定子绕组产生旋转磁场，该旋转磁场切割转子绕组（导条），从而在转子绕组中产生感应电流，转子绕组电流在旋转磁场的作用下产生与磁场旋转方向相同的电磁转矩，使转子转动起来，这就是三相交流异步电动机的基本工作原理，如图 2.10 所示。

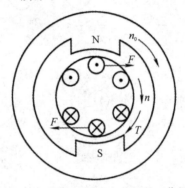

图 2.10　三相交流异步电动机的工作原理

2）转差率

虽然电动机转子转动的方向与旋转磁场的方向相同，但它们的转速却不相等。因为如果二者相等，则转子导条就不可能切割磁力线，转子电动势、电流就不存在，当然转矩也就没有了，所以转子的转速一定要小于旋转磁场的转速。如果在外力拖动作用下，转子的转速大于旋转磁场的转速，则电动机就成了发电机。

如果用 n_1 表示同步转速，n 表示电动机转子的转速（也称为电动机的转速），s 表示转差率，则有

$$s = \frac{n_1 - n}{n_1}$$

式中：s——转差率，是衡量异步电动机性能的一个重要参数；

n_1——同步转速，r/min；

n——电动机的转速，r/min。

当 $0 < s < 1$ 时，电动机处于电动机状态；$s < 0$ 时，电动机处于发电机状态；当 $s > 1$ 时，电动机处于电磁制动状态。

转差率 s 是分析异步电动机运行状态的重要参数。在电动机启动瞬间，$n=0$，$s=1$；当电动机以额定速度运行时，s 很小，为 $0.02\sim0.06$；当电动机空载运行时，n 略小于 n_1，$s\approx0$。三相交流异步电动机可以通过改变转差率进行调速。

4. 三相交流异步电动机的调速方法

调速就是对速度进行调节，在电动机运转时实现可变的速度而不是恒定的速度，以满足不同工艺对电动机不同转速的要求。调速一般分为无级调速和有级调速。具体地说，有级调速是跳跃式的，不连续的，可以有几挡；而无级调速是连续的、无挡位的、相对平滑的。

在理解了调速的概念前提下，为使读者清晰地了解三相交流异步电动机的调速方法和思路，下面将简明扼要地讲解三相交流异步电动机的调速方法。

根据 $n_1=\dfrac{60f_1}{p}$ 和 $s=\dfrac{n_1-n}{n_1}$ 进行整理，可得出三相交流异步电动机的转速 n 的表达式为

$$n=\frac{60f_1}{p}(1-s)$$

根据三相交流异步电动机的转速公式可知，三相交流异步电动机的调速方法有变极（p）调速、变转差率（s）调速、变频（f_1）调速三种。在三相交流异步电动机的诸多调速方法中，变频调速的性能最好，调速范围大，静态稳定性好，运行效率高。下面分别对以下三种调速方法进行介绍。

1）变极调速

由式 $n=\dfrac{60f_1(1-s)}{p}$ 可知，变极调速是在电源频率不变的条件下，通过改变定子绕组的磁极对数来改变同步转速，从而达到调速的目的。在恒定频率情况下，电动机的同步转速与磁极对数成反比，即磁极对数增加一倍，同步转速就下降一半，从而引起三相交流异步电动机转速的下降。

三相交流异步电动机的变极调速是有级调速，通过改变磁极对数 p，可以得到 2∶1 调速、3∶2 调速、4∶3 调速等，调速的级数很少。变极调速是通过改变定子绕组的接线方式来改变笼型异步电动机定子绕组的磁极对数，从而达到调速的目的，其特点如下：

（1）机械特性较硬，稳定性较好。

（2）无转差损耗，效率高。

（3）接线方法简单，价格低廉。

（4）可以实现有级调速，但级差较大，所以不能获得平滑调速。

（5）可以与调压调速、电磁转差离合器配合使用，获得较高效率的平滑调速特性。

变极调速方法常用于不需要无级调速的生产机械中，如金属切削机床、升降机、起重设备、风机和泵等。

变极调速是通过改变定子绕组的磁极对数来改变同步转速进行调速的，是无附加转差损耗的高效调速方式。由于磁极对数 p 是整数，因此变极调速不能实现平滑调速，只能实现有级调速。在供电频率 $f=50$ Hz 的电网中，当 $p=1$、2、3、4 时，相应的同步转速 $n_1=3000$ r/min、1500 r/min、1000 r/min、750 r/min。改变磁极对数是用改变定子绕组的接线方式来完成的。双速电动机的定子是单绕组，三速和四速电动机的定子是双绕组。通过改变磁极对数来调速的笼型电动机通常称为多速感应电动机或变极感应电动机。

多速感应电动机的优点是运行可靠，运行效率高，控制电路简单，容易维护，对电网无干扰，初始投资低；缺点是其为有级调速，而且调速级差大，从而限制了它的使用范围，仅适用于按 2～4 挡固定调速变化的场合。为了弥补有级调速的缺陷，有时将有级调速与定子调压调速或电磁离合器调速配合使用。

另外，由于磁极对数 p 取决于定子绕组的结构，而且笼型转子绕组的磁极对数能自动地与定子极数保持相等，因此变极调速方法只适用于特制的笼型异步电动机，这种电动机的结构复杂，且成本较高。

2）变转差率调速

变转差率调速一般仅适用于绕线型异步电动机。具体实现变转差率调速的方法很多，例如转子串电阻调速、串级调速、定子调压调速、电磁调速等。随着转差率的增大，电动机的机械特性变软，效率降低。

（1）转子串电阻调速。

转子串电阻调速是通过改变绕线型异步电动机转子串接附加外接电阻从而改变转子电流使转速改变的方式进行调速的。为减少电刷的磨损，中等容量以上的绕线型异步电动机在不需要调速时，移动其手柄可提起电刷，与集电环脱离接触，同时使 3 个集电环彼此短接起来。

转子串电阻调速的优点是技术成熟，控制方法简单，维护方便，初始投资低，对电网无干扰；缺点是转差损耗大，调速效率低，调速特性软，动态响应速度慢，外接附加电阻不易做到无级调速，调速平滑性差。转子串电阻调速适合于调速范围不大和调速特性要求不高的场合。

（2）串级调速。

串级调速是指在绕线型电动机转子回路中串入可调节的附加电动势来改变电动机的转差，从而达到调速的目的。串入的附加电动势首先吸收电动机的大部分转差功率，接着利用产生附加电动势的装置将吸收的转差功率进行能量转换，从而加以利用或返回电网。根据转差功率吸收利用方式的不同，串级调速可分为晶闸管串级调速、机械串级调速及电动机串级调速，工程中多采用晶闸管串级调速。串级调速的特点如下：

① 可将调速过程中的转差损耗回馈到生产机械或电网上，效率较高。

② 调速范围与装置容量成正比变化，投资少，适用于调速范围为 70％～90％额定转速的生产机械。

③ 当调速装置发生故障时，系统可以切换至全速运行状态，不影响生产。

④ 晶闸管串级调速功率因数偏低，谐波影响较大。

串级调速方法适用于风机、水泵、轧钢机、矿井提升机和挤压机。

（3）定子调压调速。

根据电动机的机械特性可知，当改变电动机的定子电压时，可以得到一组不同的机械特性曲线，从而获得电动机在各种稳定情况下的不同转速。由于电动机的转矩与电压平方成正比，因此在电压下降过程中，电动机的最大转矩下降很多，其调速范围较小，难以应用于一般的笼型电动机。为了扩大调速范围，定子调压调速的电动机应采用转子电阻值大的笼型电动机，如专供调压调速用的力矩电动机，以达到自动调节转速的目的。

定子调压调速的主要装置是一个能提供电压变化的电源，目前常用的调压方式包括自耦变压器调压、串联饱和电抗器调压以及晶闸管调压等，其中晶闸管调压方式的效果最佳。定子调压调速方法的特点如下：

① 优点：调压调速线路简单，容易实现自动控制。

② 缺点：调压过程中转差功率以发热形式消耗在转子电阻中，效率较低。

定子调压调速一般适用于容量在 100 kW 以下的生产机械。

（4）电磁调速。

电磁调速是通过电磁调速电动机实现调速的。电磁调速电动机（又称滑差电动机）是由三相异步电动机作为原动机工作的。电磁调速是传统的交流调速技术之一，适用于容量为 0.55～630 kW 的风机、水泵或压缩机。

电磁离合器调速是由笼型异步电动机和电磁离合器一体化的调速电动机来完成的，属于低效调速方式，采用这种调速方式的电动机称为电磁调速电动机，又称滑差电动机。电磁调速电动机的调速系统主要由笼型异步电动机、涡流式电磁转差离合器和直流励磁电源 3 个部分组成。直流励磁电源功率较小，其通过改变晶闸管的触发延迟角来改变直流励磁电压的大小，从而控制励磁电流。它的进线电源以笼型异步电动机作为原动机，带动与其同轴接连的电磁离合器的主动部分，电磁离合器的从动部分与负载同轴连接，主动部分与从动部分之间没有机械联系，只有磁路相通。电磁离合器的主动部分为电枢，从动部分为磁极，电枢是一个杯状铸铜体，磁极则由铁芯和励磁绕组构成，动磁绕组与部分铁芯固定在机壳上且不随磁极旋转，直流励磁不必经过集电环而直接由直流电源供电。当电动机带动电枢在磁极磁场中旋转时，就会感生涡流，涡流与磁极磁场作用产生的转矩使电枢牵动磁极拖动负载同向旋转，通过控制励磁电流改变磁场强度，使电磁离合器产生大小不同的转矩，从而达到调速的目的。

电磁离合器的优点是结构比较简单，可无级调速，维护方便，运行可靠，调速范围也比较宽，对电网无干扰，可以空载启动，对需要重载启动的负载可获得容量效益，提高电动机运行负载率；缺点是高速区调速特性软，不能全速运行，低速区调速效率比较低。电磁离合器适用于调速范围适中的中小容量电动机。

3）变频调速

根据三相交流异步电动机的转速表达式 $n_1 = \dfrac{60 f_1}{p}$ 可知，只要平滑地调节三相交流异步电动机的供电频率 f_1，就可以平滑地调节三相交流异步电动机的同步转速 n_1，从而实现三相交流异步电动机的无级调速。从机械特性分析，变频调速的性能比变极调速和变转差率调速的要好得多，近似于直流电动机调压的机械特性。但由于所使用的电源都是固定的工频电源，无法变频，因此制造变频电源装置（即变频器）就成了关键的问题。

过去人们曾采用旋转变频发动机组作为变频电源，但这种电源无法实际应用。随着晶闸管的问世和逆变器的产生，静止式的变频电源（即晶闸管式变频器）应运而生，但其性能差、效率低。不过随着功率晶体管的出现以及微机控制技术的成熟，变频器调速得到了迅猛的发展。

根据三相交流异步电动机的转速表达式 $n_1 = \dfrac{60 f_1}{p}$ 可知，只要改变笼型异步电动机的供电频率（即改变三相交流异步电动机的同步转速 n_1），就可以实现电动机的调速，这就是变频调速的基本原理。从表面上看，只要改变三相交流电的频率 f_1 就可以调节电动机转速的高低，但事实上，只改变 f_1 并不能正常调速，而且很可能会引起电动机因过流而烧毁。这是由三相交流异步电动机的特性决定的。

通常情况下,我们把电动机的额定频率定义为基频,若变频器从基频向下调速,则变频调速为恒转矩调速;若变频器从基频向上调速,则变频调速近似为恒功率调速。变频调速的方法适用于精度要求高、调速稳定性能要求好的场合。下面对基频以下与基频以上两种调速情况进行分析。

(1) 基频以下恒磁通(恒转矩)变频调速。

恒磁通变频调速实质上就是调速时要保证电动机的电磁转矩恒定不变,这是因为电磁转矩与磁通成正比的关系。

如果磁通太弱,则铁芯利用不充分,在同样的转子电流下,电磁转矩就小,电动机的负载能力下降。要想负载能力恒定,就得加大转子电流,这就会引起电动机因过电流发热而烧毁。而如果磁通太强,则电动机会处于过励磁状态,致使励磁电流过大,同样会引起电动机过电流而发热。所以变频调速一定要保持磁通恒定。

怎样才能做到变频调速时磁通恒定呢? 由电动机理论可知,三相交流异步电动机定子每相电动势的有效值为 $E_1 = 4.44 N_1 f_1 \Phi_1$(其中,$E_1$ 为感应电动势,V;f_1 为电源频率,Hz;N_1 为定子每相绕组的有效匝数;Φ_1 为每极磁通,Wb),则每极磁通 $\Phi_1 = E_1/(4.44 N_1 f_1)$ 的值是由 E_1 和 f_1 共同决定的,对 E_1 和 f_1 进行适当控制,就可以使每极磁通 Φ_1 保持额定值不变。由于 $4.44 N_1$ 对某一台电动机来讲是一个固定的常数,因此只要保持 $E_1/f_1 = \mathrm{const}$(常数)(即保持电动势与频率之比为常数)即可。

但是,E_1 难以直接检测和直接控制。当 E_1 和 f_1 的值较大时,定子的漏阻抗压降相对比较小,若忽略不计,则可认为 E_1 和 f_1 是近似相等的,这样就可近似地保持定子电压 U_1 和 f_1 的比值为常数。这就是恒压频比控制方程式:

$$U_1/f_1 = \mathrm{const}(常数)$$

当频率较小时,U_1 和 E_1 都变得很小,此时定子电流却基本不变,所以定子的阻抗压降,特别是电阻压降,相对此时的 U_1 来说是不能忽略的。此时可想办法在低速时人为地提高定子电压 U_1,以补偿定子的阻抗压降的影响,使每极磁通 Φ_1 保持额定值基本不变,如图 2.11 所示。

在图 2.11 中,曲线 1 为 $U_1/f_1 = \mathrm{const}$(常数)时的定子电压与频率关系曲线;曲线 2 为有电压补偿时,近似地 $E_1/f_1 = \mathrm{const}$(常数)时的定子电压与频率关系曲线。实际上,变频器装置中定子电压 U_1 和频率 f_1 的函数关系并不简单地如曲线 2 一样,通用变频器有几十种定子电压与频率的函数关系曲线,可以根据负载性质和运行状况加以选择。

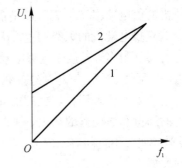

图 2.11 U_1/f_1 与 E_1/f_1 的关系

由以上的讨论可知,笼型异步电动机的变频调速必须按照一定的规律同时改变其定子电压和频率,即采用变压变频(Variable Voltage Variable Frequency,VVVF)调速控制。现在的变频器都能满足笼型异步电动机的变频调速的基本要求。

接下来,分析一下恒磁通变频调速的机械特性。用 VVVF 变频器对笼型异步电动机在基频以下进行变频控制时的机械特性如图 2.12 所示,其控制条件为 $E_1/f_1 = \mathrm{const}$(常数)。图

2.12(a)表示在 $U_1/f_1=\text{const}$（常数）条件下得到的机械特性。在低速区，定子阻机压降的影响使机械特性向左移动，这是由于主磁通减小。图 2.12(b)表示采用了定子电压补偿后的机械特性向右移动，低频转矩增大。图 2.12(c)则表示出了端电压补偿的 n 和 T 之间的函数关系。

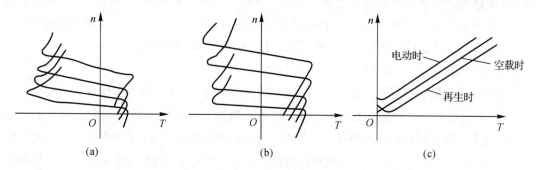

图 2.12 变频调速机械特性

(a) $U_1/f_1=\text{const}$（常数）；(b) 定子电压补偿；(c) 端电压补偿的 r 和 T 之间的函数关系

（2）基频以上恒功率（恒电压）变频调速。

恒功率变频调速又称弱磁通变频调速，这是考虑由基频 f_{1N} 开始向上调速的情况。频率由额定值 f_{1N} 向上增大，如果按照 $U_1/f_1=\text{const}$（常数）的规律进行控制，则电压也必须由额定电压 U_{1N} 向上增大，但实际上定子电压 U_1 受额定电压 U_{1N} 的限制不能再升高，只能保持 $U_1=U_{1N}$ 不变。根据公式 $\Phi_1=E_1/(4.44N_1f_1)$ 可知，每极磁通 Φ_1 随着 f_1 的上升而相应减小，这相当于直流电动机弱磁调速的情况，属于近似的恒功率调速方式，证明如下。

当 $f_1>f_{1N}$，$U_1=U_{1N}$ 时，公式 $E_1=4.44N_1f_1\Phi_1$ 近似为 $U_{1N}=4.44N_1f_1\Phi_1$。可见随着 f_1 的增大，即转速升高，角频率 ω_1 增大，每极磁通 Φ_1 必须相应地下降，才能保持平衡，而电磁转矩越低，T 与 ω_1 的乘积（即电磁功率）可以近似认为不变，即

$$P_N=T\omega_1\approx\text{const}（常数）$$

也就是说，随着转速的提高，电压恒定，每极磁通就自然下降。当转子电流不变时，其电磁转矩就会减小，而电磁功率却保持恒定不变。

笼型异步电动机在基频以下及基频以上两种调速情况下的变频调速控制特性如图 2.13 所示。

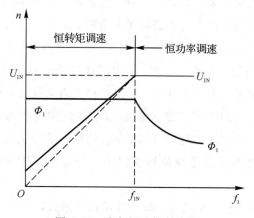

图 2.13 变频调速控制特性

5. 交流同步电动机

随着社会进步和工业的迅速发展,一些生产机械要求的功率越来越大。例如,空气压缩机、送风机等的功率达到数百甚至数千千瓦。与同功率的异步电动机相比,大功率同步电动机有明显的优点,即同步电动机能够改善电网的功率因数,这是异步电动机做不到的。对于大功率、低转速的电动机,同步电动机的体积比异步电动机的要小一些。

1) 同步发电机的工作原理

同步发电机是根据导体切割磁力线产生感应电动势这一基本原理工作的,其主要特点是,当同步发电机定子绕组的磁极对数 p 一定时,转速 n 与电力系统的频率 f 间具有严格不变的关系,即当电力系统的频率 f 一定时,电动机的转速 $n = 60 f / p$ 为恒值。汽轮发电机转速较高,磁极对数少;水轮发电机转速较低,磁极对数较多。同步发电机的工作原理如图2.14 所示。

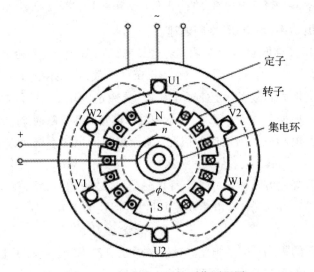

图 2.14 同步发电机的工作原理图

2) 同步电动机的结构

同步电动机和其他类型的旋转电动机一样,由固定的定子和可旋转的转子以及固定铁芯的机座等组成。同步电动机可分为永磁同步电动机、磁阻同步电动机和磁滞同步电动机。

(1) 定子。同步电动机的定子和异步电动机的定子基本相同。最常用的转场式同步电动机的定子铁芯的内圆均匀分布着定子槽,槽内嵌放着按一定规律排列的三相对称交流绕组。这种同步电动机的定子又称为电枢,定子铁芯和绕组又称为电枢铁芯和电枢绕组。

(2) 转子。同步电动机的转子由磁极铁芯和励磁绕组等组成。转子铁芯上装有制成一定形状的成对磁极,对于大中型容量的同步电动机,磁极上绕有励磁绕组,当通以直流电流时,会在电动机的气隙中形成极性相间的分布磁场,称为励磁磁场(也称主磁场、转子磁场)。

同步电动机的转子有两种结构型式,即凸极式和隐极式,因此,同步电动机分为凸极式转子同步电动机和隐极式转子同步电动机。同步电动机的基本结构与特点如表2.1 所示。

表 2.1　同步电动机的基本结构与特点

	隐极式转子同步电动机	凸极式转子同步电动机
结构特点	隐极式转子同步电动机的气隙是均匀的，转子呈圆柱形，转子上没有凸出的磁极。沿着转子本体圆周表面上开有许多槽，这些槽中嵌放着励磁绕组	凸极式转子同步电动机的气隙是不均匀的，极弧低，气隙较小，极间部分较大。凸极式转子上有明显凸出的成对磁极和励磁线圈
基本结构图		
	1—定子；2—隐极式转子；3—凸极式转子	

① 凸极式转子。水轮发电机转子结构为凸极式转子结构，凸极式转子上有明显凸出的成对磁极和励磁绕组。转子磁极由厚度为 $1\sim2\text{ mm}$ 的钢板冲片叠成，磁极两端有磁极压板，磁极与磁极轭部采用 T 形或鸽尾形连接。定子铁芯由扇形硅钢片叠成，定子铁芯中留有径向通风沟。当励磁绕组中通入直流励磁电流后，每个磁极就出现一定的极性，相邻磁极交替为 N 极和 S 极。对水轮发电机来说，由于水轮机的转速较低，要发出工频电能，发电机的极数就比较多。因此水轮发电机的特点是极数多，直径大，轴向长度短，做成凸极式结构在工艺上较为简单。另外，中小型同步电动机转子多半也做成凸极式。

② 隐极式转子。汽轮发电机转子结构为隐极式转子结构，隐极式转子上没有凸出的磁极。沿着转子本体圆周表面上开有许多槽，这些槽中嵌放着励磁绕组。定子铁芯由厚度为 0.5 mm 或其他厚度的硅钢片叠成，沿轴向叠成多段形式，各段间留有通风槽。在转子表面约 1/3 部分没有开槽，构成大齿，是磁极的中心区。励磁绕组通入励磁电流后，沿转子圆周也会出现 N 极和 S 极。在大容量、高转速汽轮发电机中，转子圆周的线速度极高，最大可达 170 m/s。为了减小转子本体及转子上的各部件所承受的巨大离心力，大型汽轮发电机转子都做成细长的隐极式圆柱体转子。考虑到转子冷却和强度方面的要求，隐极式转子的结构和加工工艺较为复杂。小容量的同步电动机转子用永久磁铁励磁，其磁场恒定，故称为永磁同步电动机。

（3）气隙。同步电动机的气隙处于电枢内圆和转子磁极之间，气隙层的厚度和形状对电动机内部磁场的分布和同步电动机的性能有重大影响。

3）同步电动机的调速

同步电动机的转速就是同步转速，其转差始终为 0，因此没有转差功率。由于同步转子的极对数固定，因此同步电动机的调速方式只有变频调速，没有其他调速方式。

（1）同步转速。从供电品质考虑，由众多同步电动机并联构成的交流电网的频率应该是一个不变的值，这就要求电动机的频率应该和电网的频率一致。我国电网的频率为 50 Hz，故同步转速为 $n = 60 f / p = 3000 / p$。例如，2 极电动机的同步转速为 3000 r/min，4 极电动机的同步转速为 1500 r/min，⋯⋯依此类推。只有运行于同步转速时，同步电动机才能正常运行，所以 2 极同步电动机运行于 3000 r/min 时才能正常工作。

（2）同步电动机的运行方式。同步电动机的运行方式主要有三种，即作为发电机、电动机和补偿机运行，其中作为发电机运行是同步电动机最主要的运行方式。同步电动机的功率因数是可以进行调节的，在不要求调速的场合，在一些大功率的设备上使用大型的同步电动机可以提高功率因数，从而提高整个系统的运行效率。近年来，小型同步电动机在变频调速系统中的应用也较多。同步电动机还可以作为同步补偿机接入电网，这时电动机不带任何机械负载，靠调节转子中的励磁电流向电网发出所需的感性或者容性无功功率，以达到改善电网功率因数或者调节电网电压的目的。

6. 交流异步电动机和交流同步电动机的差别

（1）交流异步电动机与交流同步电动机最大的区别是两者的转子不同，交流同步电动机的转子侧有独立的直流励磁，小容量的交流同步电动机常采用永磁材料。

（2）在空载时，交流异步电动机的功率因数很低，也不具备调节功率因数的能力。而交流同步电动机则不同，因为它调节功率因数是通过励磁电流来进行调节的，既可以超前也可以滞后，还可以是功率因数等于 1。

（3）交流同步电动机和交流异步电动机的气隙是不同的，交流异步电动机的气隙是均匀的，而交流同步电动机的转子有凸极式和隐极式两种，凸极式转子同步电动机的气隙是不均匀的，隐极式转子同步电动机的气隙是均匀的。

（4）交流异步电动机调节转矩是靠调节转差率来实现的，而交流同步电动机单靠调节功率因数角就可对转矩进行调节。因此对于转矩的变化，交流同步电动机比交流异步电动机做出的响应更快。

（5）由于交流同步电动机转子有独立的直流励磁，因此，在相同条件下，交流同步电动机具有比交流异步电动机更大的调速范围。

交流异步电动机的定子和交流同步电动机的定子的工作方式基本上是一样的。但由于这两大类电动机的转子对磁场的相对运动不同，因此交流同步电动机转子的转速与旋转磁场的转速相同，而交流异步电动机转子的转速与旋转磁场的转速则不相同。

总之，在异步电动机的各种调速控制系统中，目前效率最高、性能最好的系统是变频器调速控制系统。异步电动机的变压变频调速控制系统一般简称为变频器。由于通用变频器使用方便、可靠性高，因此它已成为现代自动控制系统的主要组成部件之一。

变频调速已被公认为最理想、最有发展前途的调速方式之一，它的应用主要在节能、自动化系统及提高工艺水平和产品质量等方面。

任务 2　变频器的基本结构及工作原理

任务要求：

(1) 熟悉变频器的分类；

(2) 掌握变频器的基本结构和工作原理；

(3) 了解变频器中常用的电力电子器件；

(4) 熟悉变频器的应用。

本书介绍的几款珈玛 JM8000 系列通用型变频器外形图（见附录）如图 2.15 所示。

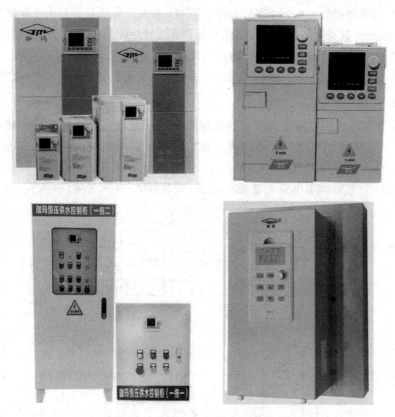

图 2.15　珈玛 JM8000 系列通用型变频器

变频器调速是通过改变电动机供电频率来平滑改变电动机转速的。当频率 f 在 0～50 Hz 的范围内变化时，电动机转速的调节范围非常大。在整个调速过程中，从高速到低速可以保持稳定的转差率，因而具有高精度、高效率的调速性能。根据三相交流异步电动机的转速表达式 $n=n_1(1-s)=60f_1(1-s)/p$ 可知，改变笼型异步电动机的供电频率，也即改变电动机的同步转速 n_1，就可以实现电动机的调速，这就是变频调速的基本原理。变频器的工作过程如图 2.16 所示。当按下电源按钮 QF 时，三相电源 L1、L2、L3 接通 R、S、T（变频器三个电源输入端），变频器得电开始工作，按照设定的参数输出频率一定的三相交流电，通过 U、V、W（变频器三相输出端口）把电能传输给三相电动机，使电动机按设定转速转动。

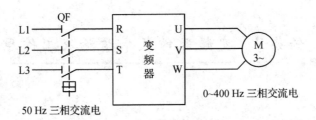

图 2.16　变频器的工作过程

2.2.1　变频器的分类

变频器的分类方法有多种，按照主电路工作方式分类，可以分为电压型变频器和电流型变频器；按照输出电压调制方式分类，可以分为脉冲幅度调制(PAM)控制变频器、脉冲宽度调制(PWM)控制变频器和高载频 PWM 控制变频器；按照工作原理分类，可以分为 U/f 控制变频器、转差频率控制变频器、矢量控制变频器和直接转矩控制变频器；按照用途分类，可以分为通用变频器、高性能专用变频器、高频变频器等。

按照工作时频率的变换方式不同，变频器主要可分为交-直-交变频器和交-交变频器两类。

1. 交-直-交变频器

交-直-交变频器利用电路先将工频交流电源转换成直流电，再将直流电转换成频率可变的交流电，然后提供给电动机，通过调节输出电源的频率来改变电动机的转速。交-直-交变频器的主电路框图和交-直-交电压变频器主电路分别如图 2.17 和图 2.18 所示。由图 2.17 知，交-直-交变频器主电路包括整流电路(变频器)、中间电路(中间直流环节)和逆变电路(逆变器)三个组成部分。

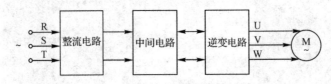

图 2.17　交-直-交变频器的主电路框图

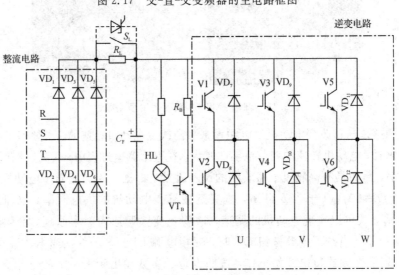

图 2.18　交-直-交变频器主电路

三相或单相工频交流电源经整流电路转换成脉动的直流电，直流电再经中间电路进行滤波平滑，然后送到逆变电路。与此同时，控制系统会产生驱动脉冲，经驱动电路放大后送到逆变电路，在驱动脉冲的控制下，逆变电路将直流电转换成频率可变的交流电并送给电动机，驱动电动机运转。改变逆变电路输出的交流电频率，电动机转速就会发生相应的变化。

变频器的主电路用来完成交-直-交的转换。由于主电路工作在高电压、大电流状态，因此为了保护主电路，变频器通常设有主电路电压检测电路和输出电流检测电路。当主电路电压过高或过低时，电压检测电路将该情况反映给控制电路。当变频器输出电流过大(如电动机负载大)时，电流取样元件或电路会产生过电流信号，经输出电流检测电路处理后也送到控制电路。当主电路出现电压不正常或输出电流过大时，控制电路通过检测电路获得该情况后，会根据设定的程序做出相应的控制，如使变频器主电路停止工作，并发出相应的报警指示。

控制电路是变频器的控制中心，当它接收到输入调节装置或信号接口送来的指令信号后，会发出相应的控制信号去控制主电路，使主电路按设定的要求工作。同时控制电路还会将有关的设置和机器状态信息送到显示装置，以显示有关信息，便于用户操作或了解变频器的工作情况。

变频器的显示装置一般采用显示屏和指示灯。输入调节装置主要包括按钮、开关和旋钮等。通信接口用来与其他设备(如可编程逻辑控制器(PLC))进行通信，接收它们发送过来的信息，同时还将与变频器有关的信息反馈给这些设备。

2. 交-交变频器

图 2.19 是单相输出交-交变频电路的原理框图，电路由 P(正)组和 N(负)组反并联的晶闸管变流电路构成，两组变流电路接在同一个交流电源，Z 为负载。

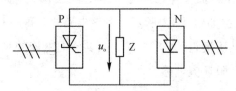

图 2.19 单相输出交-交变频电路的原理框图

为了使输出电压的波形接近正弦波，可以按正弦规律对控制角 α 进行调制，即可得到如图 2.20 和图 2.21 所示的波形。调制方法是在半个周期内使变流器的控制角 α 按正弦规律从 90° 逐渐减小到 0° 或某个值，然后再逐渐增大到 90°。

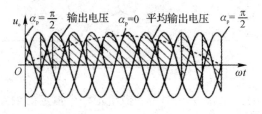

图 2.20 单相输出交-交变频电路输出交流电压的波形图

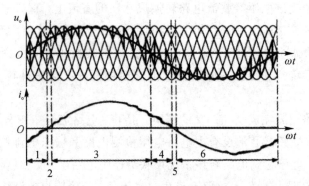

图 2.21　单相输出交-交变频电路输出电压和电流的波形图

交-交变频器的特点主要有以下几个方面：

（1）因为是直接变换，没有中间环节，所以比一般变频器的效率更高。

（2）由于交-交变频器的交流输出电压是直接由交流输入电压波的某些部分包络所构成的，因此其输出频率比输入交流电源的频率低得多，输出波形较好。

（3）由于变频器按电网电压过零自然换相，故可采用普通晶闸管。

（4）由于输出上限频率不高于电网频率的 $1/3\sim1/2$，因受电网频率限制，通常输出电压的频率较低。

（5）交-交变频电路采用的是相位控制方式，因此其输入电流的相位总是滞后于输入电压的，需要电网提供无功功率。功率因数较低，特别是在低速运行时更低，需要适当补偿。

三相输出交-交变频电路主要应用于大功率交流电机调速系统中。三相输出交-交变频电路是由三组输出电压相位各差 $120°$ 的单相交-交变频电路组成的，所以其控制原理与单相交-交变频电路的相同。下面简单介绍一下三相交-交变频电路的接线方式。

三相零式交-交变频电路如图 2.22 所示。在该电路中，每一相由两个三相零式整流器组成，提供正向电流的是共阴极组①、③、⑤，提供反向电流的是共阳极组②、④、⑥。为了限制环流，该电路采用了限环流电感 L。

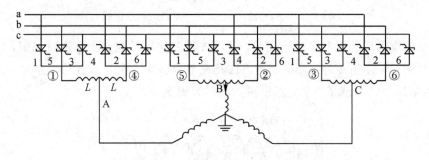

图 2.22　三相零式交-交变频电路

假设三相电源电压 u_a、u_b、u_c 完全对称，当给定一个恒定的触发控制角 α 时，例如 $\alpha = 90°$，得出组①的输出电压波形如图 2.23 所示。

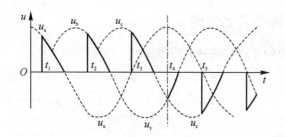

图 2.23　组①的输出电压波形

图 2.24 所示为组①和组④的输出电压波形，其中组①输出电压片段 u_y，组④输出电压片段 u_y。

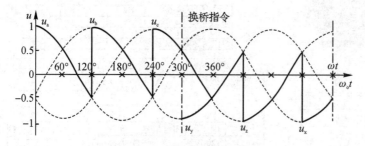

图 2.24　组①和组④的输出电压波形

交-交变频器利用电路直接将工频交流电源转换成频率可变的交流电并提供给电动机，通过调节输出电源的频率来改变电动机的转速。交-交变频器电路的原理框图如图 2.19 所示，从图中可以看出，交-交变频器与交-直-交变频器的主电路不同，它采用交-交变频电路直接将工频交流电源转换成频率可调的交流电源方式进行变频调速。

交-交变频电路一般只能将输入交流电频率降低输出，而工频交流电源的频率本来就低，所以交-交变频器的调速范围很小。另外，这种变频器需要采用大量的晶闸管等电力电子器件。

3. 其他变频器

变频器的其他分类方式如表 2.2 所示。

表 2.2　变频器的其他分类方式

分类方式	变频器种类	分类方式	变频器种类
按供电电压分	低压变频器 中压变频器 高压变频器	按输出功率大小分	小功率变频器 中功率变频器 大功率变频器
按供电电源的相数分	单相输入变频器 三相输入变频器	按主开关器件分	IGBT 变频器 GTO 变频器 GTR 变频器
按变换环节分	交-直-交变频器 交-交变频器	按机壳外形分	塑壳变频器 铁壳变频器 柜式变频器

2.2.2 变频器的铭牌与命名规则

变频器的铭牌一般分为额定铭牌和容量铭牌。三菱 FR‐A740‐3.7K 变频器的铭牌如图 2.25 所示。

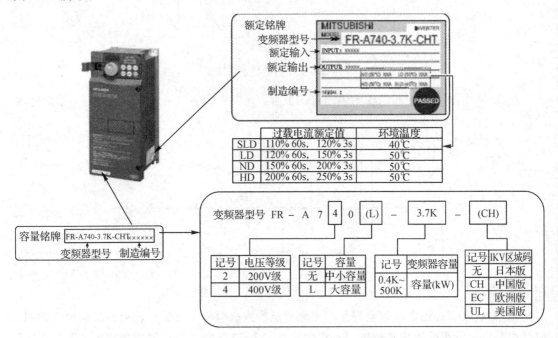

图 2.25　三菱 FR‐A740‐3.7K 变频器的铭牌

珈玛 JM8000 系列通用型变频器命名规则、外形及安装尺寸分别如图 2.26、图 2.27 所示及表 2.3 所示。

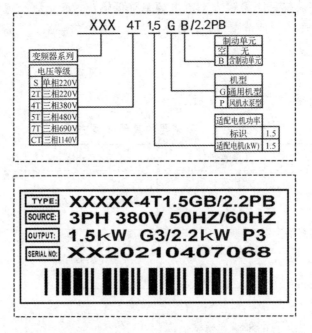

图 2.26　珈玛 JM8000 系列通用型变频器命名规则

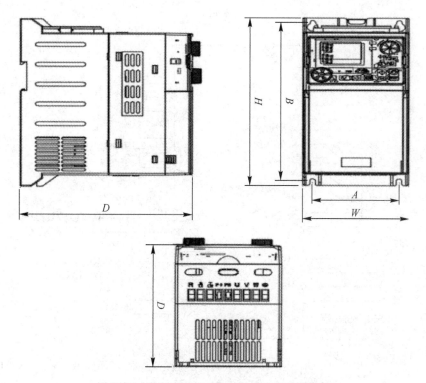

图 2.27 珈玛 JM8000 系列通用型变频器外形

表 2.3 珈玛 JM8000 系列通用型变频器安装尺寸

型 号	A/mm	B/mm	H/mm	W/mm	D/mm	安装孔 /mm	备注
	安装尺寸		外围尺寸				
0.75 kW - 4.0 kW	78	200	212	95	154	5	塑壳
5.5 kW - M	78	200	212	95	154	5	塑壳
5.5 kW - 11 kW	129	230	240	140	180.5	5	塑壳
15 kW - 22 kW	188	305	322	205	199	6	塑壳
30 kW - M	188	305	322	205	199	6	塑壳
30 kW - 45 kW	195	430	450	270	265	605	铁壳
55 kW	240	541	560	320	280	9	铁壳
75 kW - 110 kW	240	646	665	380	282	9	铁壳

注：M 表示小体积结构。

变频器的型号是生产厂家的产品系列名称，一般包括代表该厂商的产品系列、序号或标志码、基本参数、电压级别和标准可适配电动机容量等，可作为选择变频器时的参考。订货时一般根据该型号所对应的订货号订货，不可忽视。珈玛 JM8000 系列通用型变频器基本运行配线图如 2.28 所示。

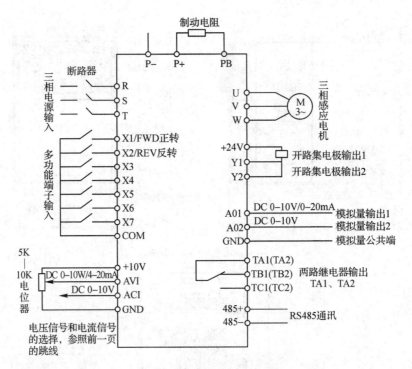

图 2.28 珈玛 JM8000 系列通用型变频器基本运行配线图

2.2.3 变频器的电路结构

本节主要介绍交-直-交变频器。

变频器主要由主电路和控制电路组成，它的基本构成如图 2.29 所示。其主电路又包括整流器、中间直流环节和逆变器三部分。图中，电网侧变流器Ⅰ是整流器，它的作用是将三相（也可以是单相）交流电转换成直流电；负载侧变流器Ⅱ为逆变器，其作用是将直流电转换成任意频率的交流电；中间直流环节Ⅲ又称为中间直流储能环节。由于逆变器的负载为异步电动机，属于感性负载，无论电动机处于电动状态还是发电制动状态，其功率因数都不会为 1，因此，在中间直流环节和电动机之间总会有无功功率的交换，这种无功能量要靠中间直流环节的储能元件（电容器或电抗器）来缓冲。

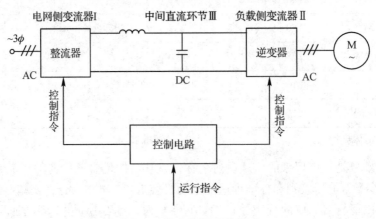

图 2.29 变频器的基本构成

如图 2.30 所示为珈玛 JM8000 系列通用型变频器的构成框图，其组成部分如下：

（1）输入控制端：由面板、输入控制端子、通信接口组成。

（2）输出控制器：由面板、输出控制端子等组成。

（3）主电器板：由主控电路、逆变电路、驱动电路、检测电路、保护电路等组成。

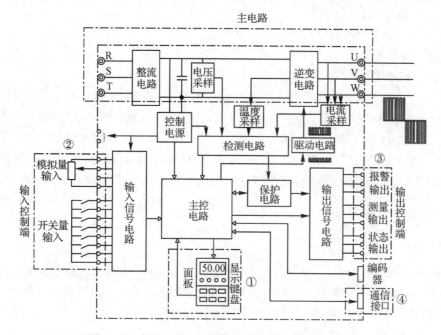

图 2.30 珈玛 JM8000 系列通用型变频器的构成框图

① 驱动电路和逆变电路：主要由 6 只逆变管组成的逆变桥组成，逆变管始终处在交替的导通、关断状态。

② 保护电路：变频器在工作过程中实时采样主电路的直流电压、输出电流及逆变管的温度，一旦出现超标，保护电路将给出过电压、过电流及高温报错并关断逆变管，通过输出设备给出错误报警及错误代码。

2.2.4 变频器的基本工作原理

变频器的功能就是将频率、电压都固定的交流电源变成频率、电压都连续可调的三相交流电源。变频调速就是通过改变电动机定子供电频率来平滑改变电动机转速的。当频率 f_1 在 0～50 Hz 的范围内变化时，电动机转速调节范围非常宽。在整个调速过程中，电动机都可以保持较稳定的转差功率，具有高精度、高效率的调速性能。

由电动机基本理论可知，三相异步电动机的转速表达式为

$$n=\frac{60f_1(1-s)}{p}$$

式中：n——三相异步电动机的转速；

f_1——三相交流电的频率；

s——三相异步电动机转差率；

p——三相异步电动机定子绕组的磁极对数。

由上式可知，转速 n 与频率 f_1 成正比，只要改变频率 f_1 即可改变三相异步电动机的转速。三相异步电动机的电动势公式为

$$E_1 = 4.44 f_1 N_1 \Phi_1 = U_1$$

式中：E_1——定子每相绕组感应电动势的有效值；

$\quad\quad f_1$——三相交流电的频率；

$\quad\quad N_1$——三相交流电的每相绕组的有效匝数；

$\quad\quad \Phi_1$——每极磁通；

$\quad\quad U_1$——定子电压。

由上式可知，定子电压与磁通和频率成正比，当 U_1 不变时，f_1 和 Φ_1 成反比，f_1 的升高势必导致磁通的降低。通常，电动机是按 50 Hz 的频率设计制造的，其额定转矩也是在这个频率范围内给出的。当变频器频率调到大于 50 Hz 时，电动机产生的转矩要以和频率成反比的线性关系下降。为了有效维持磁通的恒定，我们必须在改变频率的同时同步改变定子电压 U_1，即保持 U_1 与 f_1 成比例变化。变频调速方式有恒比例控制、恒磁通控制、恒功率控制和恒电流控制等。

2.2.5 变频器中常用的电力电子器件

1. 整流器

整流电路一般采用由整流二极管组成的三相或单相整流桥，其作用是将交流电整流成直流电，给逆变电路和控制电路提供所需的直流电。通用变频器中采用的整流模块如图 2.31 所示。小功率的整流桥输入多为单相 220 V，较大功率的整流桥输入一般均为三相 380 V 或 440 V。

图 2.31　整流模块

2. 逆变器

逆变器是变频器的核心器件，它在控制电路的作用下，将直流电路输出的直流电源转换成频率和电压都可以任意调节的交流电源。最常见的逆变电路结构形式是利用 6 个电子电力器件组成的三相桥式逆变电路。目前，最常用的电力电子器件有晶闸管（SCR）、电力晶体管（CTR）、电力场效应晶体管（MOSFET）、门极可关断晶闸管（GTO）、绝缘栅双极晶体管（IGBT）、集成门极换流晶闸管（IGCT）和智能功率模块（IPM）等。

（1）晶闸管。晶闸管（SCR）从外形上可分为平板式和螺栓式两种，如图 2.32 所示。晶闸管属于电流控制型元件，其控制电路复杂、庞大，工作频率低，效率低，但其电压、电流容量较大，目前仍广泛应用于可控整流和交-交变频等变流电路中。

图 2.32　晶闸管外形

（2）电力晶体管。电力晶体管（GTR）是一种双极型、大功率、高反压晶体管，也称巨型晶体管，单管 GTR 的结构与普通的双极型晶体管的类似。变频器用的 GTR 一般是 GIR 模块，它是将 2 只、4 只或 6 只甚至 7 只单管 GTR 或达林顿式 GTR 的管芯封装在一个管壳内，这样的结构是为了实现耐高压、大电流，开关特性好。GTR 工作频率较低，一般为 5～0 kHz，驱动功率大，驱动电路复杂，而且耐冲击能力差，易受二次击穿损坏。目前，GTR 的应用一般被绝缘栅双极晶体管（IGBT）所替代。电力晶体管外形如图 2.33 所示。

（3）电力场效应晶体管。电力场效应晶体管（MOSFET）是一种单极型的电压控制器件，输入阻抗高，驱动功率小，驱动电路简单，开关速度快，开关频率在 500 kHz 以上。变频器使用的电力场效应晶体管一般是 N 沟道增强型。电力场效应晶体管外形如图 2.34 所示。

图 2.33 电力晶体管外形

图 2.34 电力场效应晶体管外形

（4）门极可关断晶闸管。门极可关断晶闸管（GTO）是一种多元功率集成器件，属于电流控制型元件，一般由十几个甚至数百个共阳极的小 GTO 元件组成。GTO 具有高阻断电压和低导通损失率等特性，其电压、电流容量能做得较大，目前其电压可达到 6000V，电流可达到 6000A，常应用于大功率高压变频器中。门极可关断晶闸管外形如图 2.35 所示。

图 2.35 门极可关断晶闸管外形

（5）绝缘栅双极晶体管。绝缘栅双极晶体管（IGBT）是一种复合型三端电力半导体器件，它将 MOSFET 与 GTR 的优点集于一身，其输出特性好，开关速度快，工作频率高（一般在 20 kHz 以上），通态压降比 MOSFET 的低，输入阻抗高，耐压、耐流能力比 MOSFET 和 GTR 的高，最大电流可达 1800 A，最高电压可达 4500 V。在中小容量变频器电路中，IGBT 的应用处于绝对的优势。绝缘栅双极晶体管外形如图 2.36 所示。

图 2.36 绝缘栅双极晶体管外形

（6）集成门极换流晶闸管。集成门极换流晶闸管（IGCT）的外形如图 2.37 所示。IGCT 具有 IGBT 的高开关频率特性，同时还具有 GTO 的高阻断电压和低导通损失率特性。IGCT 的基本结构是在 GTO 的基础上进行了改进，如特殊的环状门极，与管芯集成在一起的门极驱动电路等。目前，4000 V、4500 V 及 5500 V 的 IGCT 已研制成功。IGCT 被广泛应用在大容量高压变频电路中。

图 2.37 集成门极换流晶闸管外形

（7）智能功率模块。智能功率模块（IPM）是一种混合集成电路，它将大功率开关元件和驱动电路、保护电路、检测电路等集成在同一个模块内，是电力集成电路的一种，其外形和内部结构如图 2.38 所示。这种功率集成电路特别适用于逆变器高频化发展方向的需要。目前，IPM 一般以 IGBT 为基本功率开关元件，构成单相或三相逆变器的专用功能模块，在中小容量变频器中广泛应用。

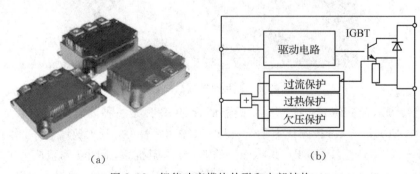

(a)　　　　　　　　　　(b)

图 2.38 智能功率模块外形和内部结构

(a) 外形；(b) 内部结构

2.2.6 变频器的应用方向

在众多调速技术中，变频调速之所以备受瞩目，是因为它能根据负载的变化使电动机实现自动平滑的增速或减速，调速特性基本保持了异步电动机固有转差率小的特点，因此其效率高、调速范围宽、精度高且能无级调速，是异步电动机最理想的调速方法。实践证明，从数百瓦的伺服系统到数万千瓦的特大功率高速传动系统，从小范围调速系统到高精度、快响应、大范围调速系统，从单机传动到多机协调联动，从纺织印染到交通运输，从饲料和食品加工到钢铁冶炼油等凡用到交流电动机的场合，变频器的使用使调速效率和精度提高到了前所未有的水平。

变频器也可广泛应用于精密加工设备、自动生产线、机器人等高新领域，是微电子与生产机械（即信息与物质生产）间的中间接口。

1. 在节能方面的应用

风机、水泵类风量和流量的控制在过去很少采用转速控制方式，基本上都是由笼型异步电动机拖动，进行恒速运转。当需要改变风量或流量时，事实上都采用调节挡风板或节流阀方式。这种控制虽然简单易行，能满足流量要求，但对电动机来讲，从节省能源的角度来看是非常不经济的。

这类设备一般都是长时间运行，甚至很久不停机的。在实际检测中人们发现，除在极短时间流量处于最大值外，近90%时间运行在中等或较低负荷状态，总用电量至少有40%以上被浪费掉。采用变频调速控制，对风机、水泵类机械进行转速控制来调节流量对节约能源、提高经济效益具有非常重要的意义。

水泵节电的原理同风机节电的原理很相似。以某酒店 750TRT 中央空调冷水机组系统的 90 kW 冷冻水泵和 55 kW 冷却水泵为例：主机制冷是根据温度的变化而工作的，是非线性负载，而水泵电动机基本上是线性恒功率输出的。1 台 55 kW 冷却水泵靠调整阀门来改变流量，虽然能满足主机运行要求，但对于电动机来讲节电意义不大。阀门的全闭和全开使得电流在 97～107 A 之间变化，平均节电率不足 7%。通过改造，采用温度控制为主、压力控制为辅进行闭环变频控制水泵电动机，水泵电动机平均节电率可达 30% 以上。90 kW冷冻水泵电动机靠调节阀门电流在 163～148 A 之间变化，平均节电率不足 6%，经闭环控制变频调速改造后，平均节电率在 30% 以上。为什么会有这么大的节电空间呢？因为中央空调系统设计时的最大容量是以人流、气温、空间散热三项极限指标为依据计算的（即人流最大、气温最高、空间散热最差）。平时出现这种情况的概率极低，从经验上讲不到 10%，空调系统大部分时间都运行在中、低负载状态，空调主机的负载曲线是非线性的，而水泵系统的水泵负载是线性恒功率的，以满足主机的最大负载为标准，这使得当主机为非最大负载时水泵就必然存在电能浪费。通过变频调速控制可使水泵电动机的负载曲线符合或接近空调主机的负载曲线。

以节能为目的的变频器的应用在最近十几年发展非常迅速。据有关方面统计，我国已经进行变频调速改造的风机、水泵类负载的容量约占总容量的 5% 以上，年节电约 4×10^{10} kW·h。目前，应用较成功的有恒压供水、各类风机、中央空调和液压泵的变频调速。

变频调速技术具有显性效益和隐性效益，具体如下。

（1）显性效益。显性效益就是指节电效益。变频控制传动调速对于负载性质和负载率的不同，节电率也不同。当低压变频控制设备的一般负载率在 0.5 左右时，节电率在 20%～47%。例如，对于定量泵注塑机排污填水池电动机、给氧风机等，空调水泵基本上平均节电率都在 25%～60%。低压设备变频调速改造投资少，见效快，投资回报期基本上在一年左右。

（2）隐性效益。隐性效益实现了电动机的软启、软停，消除了电动机启动电流对电网的冲击和电动机因启停所产生的惯动量对设备的机械冲击，减少了启动电流的线路损耗和设备的维修，大大降低了机械磨损，延长了设备的使用寿命。空调水泵的软启、软停克服了原来停机时的水槌现象。

2. 在工业自动化方面的应用

由于变频器中内置有 32 位或 16 位的微处理器，其输出频率精度高达 0.01%～0.1%。例如，化纤工业中的卷绕、拉伸、计量、导丝，玻璃工业中的平板玻璃退火炉、玻璃窑搅拌、拉边机、制瓶机，电弧炉自动加料、配料系统以及电梯的智能控制等都是变频器在工业自动化方面的应用。

3. 在其他方面的应用

在冶金、石油、化工、纺织、电力、建材、煤炭等行业，有的工艺不允许电动机直接启动，需要由变频器调速和协调工作才能满足工艺要求，这时必须采用变频器。例如，冶金行业需要采用变频器的电动机大概达到 70%。

变频器广泛应用于传送、起重、挤压和机床等各种机械设备控制领域。它可以提高工艺水平和产品质量，减少设备的冲击和噪声，延长设备的使用寿命。采用变频调速控制后，可使机械系统简化，操作和控制更加方便，有的甚至可以改变原有的工艺规范，进而提高整个设备的效能。例如，对于纺织等行业用的定型机，机内温度是靠改变送入热风的多少来调节的。输送热风通常用的是循环风机，由于风机速度不变，因此送入热风的多少只能用风门来调节。如果风门调节失灵或调节不当就会造成定型机失控，影响成品质量。而且循环风机高速启动，传送带与轴承之间磨损非常厉害，使传送带变成了一种易耗品。在采用变频调速后，温度调节可以通过变频器自动调节风机的速度来实现，解决了产品质量稳定问题。

任务 3　变频器的控制方式

任务要求：

（1）掌握 U/f 控制方式；

（2）掌握转差频率控制方式；

（3）理解矢量控制方式；

（4）掌握直接转矩控制方式。

当异步电动机调速传动时，变频器可以根据电动机的特性对供电电压、电流、频率进行适当的控制。而且不同的控制方式所得到的调速性能、特性及用途也不同，其控制效果也不一样。目前，变频器对电动机的控制方式可分为 U/f 控制、转差频率控制、矢量控制和直接转矩控制等。

2.3.1 U/f 控制

所谓 U/f 控制，就是通过调整变频器输出侧的电压频率比（U/f）来改变电动机在调速过程中的机械特性的控制方式。U/f 控制基本图如图 2.39 所示。

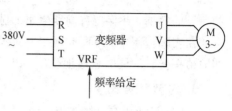

图 2.39 U/f 控制基本图

U/f 控制是使变频器的输出在改变频率的同时也改变电压，通常是使 U/f 为常数。这样可使电动机磁通保持恒定，在较宽的调速范围内，电动机的转矩、效率、功率因数不下降。实现变压变频的方式有脉冲幅值调制（PAM）、脉冲宽度调制（PWM）和正弦脉冲宽度调制（SPWM）等。

1. PAM 方式

PAM 方式是通过改变直流侧的电压幅值进行调压的方式。在变频器中，逆变器只负责调节输出频率，而输出电压则由相控整流器或直流斩波器通过调节直流电压来实现。PAM 方式一般应用于晶闸管逆变器的中大功率变频器中。

2. PWM 方式

目前应用较多的是脉冲宽度调制方式，即 PWM 方式。PWM 方式是指在保持整流得到的直流电压大小不变的条件下，在改变输出频率的同时，通过改变输出脉冲的宽度（或用占空比表示）来达到改变等效输出电压的一种方式。

变频器的输出电压和输出频率均由逆变器的 PWM 方式调节。在控制电路中采用载频信号与参考信号相比较的方法产生基极驱动信号。载频信号 U_c 采用单极性等腰三角形波，参考信号 U_r 采用可变的直流电压，在与波形的交点处产生调制信号 U_d，PWM 逆变器输出电压波形如图 2.40 所示。

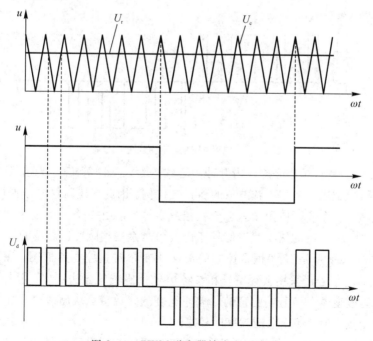

图 2.40 PWM 逆变器输出电压波形

从图 2.40 所示的波形图可以清楚地看出，当三角波幅值一定时，改变参考信号 U_r 的大小，输出脉冲的宽度就随之改变，从而可以改变输出基波电压的大小。当改变三角波载频信号的频率，并保持每周期输出的脉冲数不变时，就可以改变基波电压的频率。

在实际控制中，可同时改变三角波载波信号的频率和直流参考电压的大小，使逆变器的输出在变频的同时相应地变压，以满足一般变频调速时的需要。

3. SPWM 方式

PWM 输出电压的波形是非正弦波，用于驱动三相交流异步电动机运行时性能较差。如果使整个半周期内脉冲宽度按正弦规律变化，即使脉冲宽度先逐步增大，然后再逐渐减小，则输出电压也会按正弦规律变化，这就是目前实际工程中应用最多的正弦脉冲宽度调制（SPWM）。SPWM 逆变器输出电压波形如图 2.41 所示。

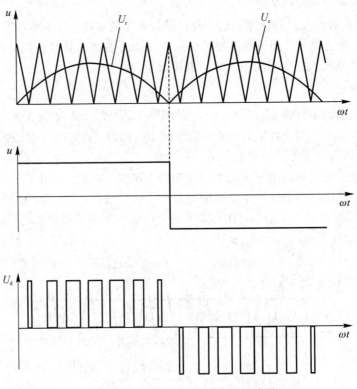

图 2.41　SPWM 逆变器输出电压波形

SPWM 方式的特点是半个周期内脉冲中心线等距，脉冲等幅、变宽，脉冲宽度变化呈正弦分布，各脉冲面积之和与正弦波下的面积成比例。因此，其调制波形更接近于正弦波，谐波分量大大减少。在实际应用中，对于三相逆变器，是由一个三相正弦波发生器产生三相参考信号，与一个公用的三角载波信号相比较而产生三相脉冲调制波的。

例如，图 2.42 所示是 U/f 恒定控制的 PWM 变频器主控电路框图。图示主回路中开关器件的基极驱动信号仍采用载频信号和参考信号相比较的方法产生，但是参考信号改为正弦波信号。当改变参考信号的幅值时，脉冲宽度随之改变，从而改变了主回路输出电压的大小。当改变频率时，输出电压频率即随之改变。

在图 2.42 中，LA 为加减速控制环节，它将阶跃的速度设定信号变为缓慢变化的设定信号，以减小启动和制动时的电流冲击。μ- COM 为微型计算机处理单元，它包括存有正弦波形数据的只读存储器 EPROM 和产生 EPROM 地址的计数器。VFC 为压频变换器，它将速度设定的电压信号变为频率信号(脉冲)，将反应速度(电压)设定的脉冲送入μ- COM 中的计数器，计数器的数据作为 EPROM 的地址，改变计数频率即可改变 EPROM 的地址扫描频率。EPROM 的数据送至数/模转换器(DAC)，DAC 具有乘法功能，它的电压参考端直接接至速度(电压)设定端(VFC 的输入)。DAC 的输出电压波形的幅值正比于速度设定值，从而实现 U/f 恒定控制。控制电压和三角波进行调制获得 PWM 控制信号，PWM 控制信号(通常为逻辑电平)经隔离、放大后变成可以控制变频器主电路开关器件 IGBT 通断所需要的电压或电流信号。

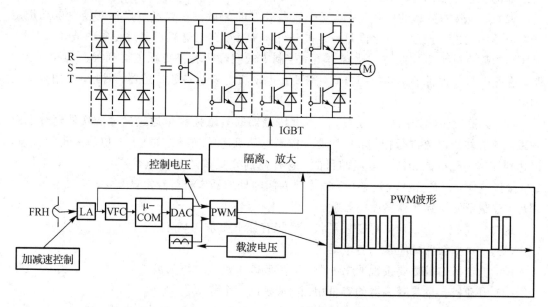

图 2.42　U/f 恒定控制的 PWM 变频器主控电路框图

U/f 恒定控制的 PWM 变频器通常为交-直-交电压型变频器，其输入接至三相交流电源，输出接三相交流异步电动机。

2.3.2　转差频率控制

在没有任何附加措施的情况下，变频器采用 U/f 控制方式。如果负载变化，则转速也会随之变化，转速的变化量与转差率成正比。这时 U/f 控制的静态调速精度显然较差，为提高调速精度，常采用转差频率控制方式。

根据速度传感器的检测可以求出转差频率 Δf，再把它与速度设定值相叠加，把该叠加值作为逆变器的频率设定值 f_0，就实现了转差补偿。这种实现转差补偿的闭环控制方式称为转差频率控制方式。与 U/f 控制方式相比，其调速精度大为提高。但是，使用速度传感器求取转差频率时，要针对具体电动机的机械特性调整控制参数，因此这种控制方式的通用性较差。

2.3.3　矢量控制

上述的 U/f 控制方式和转差频率控制方式的控制思想都是建立在异步电动机的静态

数模型上的，因此，动态性能指标不高。对于轧钢、造纸设备等对动态性能要求较高的场合，可以采用矢量控制方式。

矢量控制也称磁场定向控制，其基本原理是通过测量和控制异步电动机定子电流矢量，根据磁场定向原理分别对异步电动机的励磁电流和转矩电流进行控制，从而达到控制异步电动机转矩的目的。具体来说，是将异步电动机的定子电流矢量分解为产生磁场的电流分量(励磁电流)和产生转矩的电流分量(转矩电流)分别加以控制，并同时控制两分量间的幅值和相位，即控制定子电流矢量，所以这种控制方式称为矢量控制方式。

目前，在变频器中实际应用的矢量控制方式主要有基于转差频率的矢量控制和无速度传感器的矢量控制两种。

(1) 基于转差频率的矢量控制。基于转差频率的矢量控制要经过坐标变换对电动机定子电流的相位进行控制，使之满足一定的条件，以消除转矩电流过渡过程中的波动。因此，基于转差频率的矢量控制方式比转差频率控制方式在输出特性方面能得到很大的改善。但是，这种控制方式属于闭环控制方式，需要在电动机上安装转速传感器，因此，应用范围受到限制。

(2) 无速度传感器的矢量控制。无速度传感器的矢量控制是通过坐标变换处理分别对励磁电流和转矩电流进行控制，然后通过控制电动机定子绕组上的电压、电流来辨识转速，以达到控制励磁电流和转矩电流的目的。这种控制方式调速范围宽，启动转矩大，工作可靠，操作方便，但计算比较复杂，一般需要专门的处理器来进行计算，因此，实时性不是太理想，控制精度受到计算精度的影响。

选择矢量控制方式时，对变频器和电动机有如下要求：

(1) 一台变频器只能带一台电动机。

(2) 电动机的极数要按说明书的要求，一般以 4 极电动机为最佳。

(3) 电动机容量与变频器的容量相当，最多差一个等级。

(4) 变频器与电动机间的连接线不能过长，一般应在 30 m 以内。如果超过 30 m，则需要在连接好电缆后进行离线自动调整，以重新测定电动机的相关参数。

矢量控制方式具有如下优点：

(1) 动态的高速响应；

(2) 低频转矩增大；

(3) 控制灵活。

矢量控制方式具有如下应用范围：

(1) 要求高速响应的工作机械；

(2) 恶劣的工作环境；

(3) 高精度的电力拖动；

(4) 四象限运转。

2.3.4 直接转矩控制

矢量控制方式尽管在原理上优于 U/f 控制方式，但在实际中，由于转子磁链难以观测，系统性能受电动机参数的影响较大，而且矢量变换复杂，因此矢量控制方式的实际控制效果难以达到理论分析的结果。为了弥补矢量控制方式的不足，避免复杂的坐标变换，减少对电动机参数的依赖性,人们采取了一种新型控制方式——直接转矩控制方式。

直接转矩控制方式是在矢量控制方式之后发展起来的一种新型交流变频调速方式。该方式的控制思路是把逆变器和电动机看成一个整体,通过检测到的定子电压和电流,直接在定子坐标系中计算与控制电动机的磁链和转矩,通过跟踪 PWM 逆变器的开关状态直接控制转矩。采用直接转矩控制的系统的转矩响应迅速,无超调,且具有较高的动静态性能。

直接转矩控制是继矢量控制之后发展起来的另一种高性能的交流变频调速,它把转矩直接作为控制量来控制。直接转矩控制是指直接在定子坐标系下分析交流电动机的模型,控制电动机的磁链和转矩。它不需要将交流电动机化成等效直流电动机,因此省去了矢量旋转变换中的许多复杂计算。它既不需要模仿直流电动机的控制,也不需要为解耦而简化交流电动机的数学模型。图 2.43 所示为按定子磁场控制的直接转矩控制系统的原理框图。图中,ω 为角频率,T_e 为转矩,T_e^* 为转矩差,Ψ_1 为输出磁通量,Ψ_1^* 为输入磁通量。该系统采用在转速环内设置转矩内环的方法来抑制磁链变化对转子系统的影响,因此,转速与磁链子系统也是近似独立的。

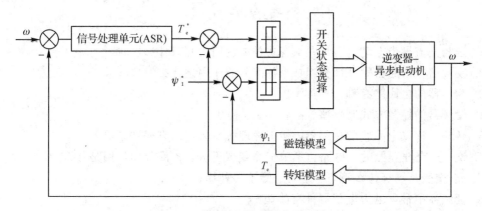

图 2.43 直接转矩控制系统原理框图

直接转矩控制的优势在于:转矩控制是控制定子磁链的,在本质上并不需要转速信息;控制上对除定子电阻外的所有电动机参数变化鲁棒性好;所引入的定子磁链观测器能很容易地估算出同步速度信息,因而能方便地实现无速度传感器化,这种控制也称为无速度传感器直接转矩控制。

项 目 小 结

本项目主要介绍交流电动机电气调速与交流变频调速技术、变频器的基本结构和工作原理及变频器中常用的电力电子器件、变频器的控制方式及变频器的应用等,应注意如下几点。

(1)交流电动机变频调速是通过变频器来实现的。变频器中应用了电力电子变频技术与微电子控制技术实现的,它是通过改变电动机工作电源的频率来控制交流电动机转动的电力控制设备。

(2)变频器的分类方法有多种,按照主电路工作方式分类,可以分为电压型变频器和电流型变频器;按照输出电压调制方式分类,可以分为 PAM(脉冲幅度调制)控制变频器、

PWM（脉冲宽度调制）控制变频器和高载频 PWM 控制变频器；按照工作原理分类，可以分为 U/f 控制变频器、转差频率控制变频器、矢量控制变频器和直接转矩控制变频器；按照用途分类，可以分为通用变频器、高性能专用变频器、高频变频器等；按照工作时频率的变换方式分类，可以分为交-直-交变频器和交-交变频器。

（3）三相交流异步电动机的调速方法有变频（f_1）调速、变极（p）调速、变转差率（s）调速三种。在三相交流异步电动机的诸多调速方法中，变频调速的性能最好，调速范围大，静态稳定性好，运行效率高

（4）变频器主要由整流（交流变直流）单元、滤波单元、逆变（直流变交流）单元、制动单元、驱动单元、检测单元、微处理单元等组成。变频器靠内部 IGBT 的开断来调整输出电源的电压和频率，根据电动机的实际需要来提供其所需要的电源电压，进而达到节能、调速的目的。

（5）变频器的控制方式有 U/f 控制、转差频率控制、矢量控制和直接转矩控制等。

思考与练习题

1. 三相交流异步电动机有哪些调速方法？它们之间有什么区别？
2. 变频器主回路由哪几部分组成？各部分的作用是什么？
3. 变频器的主回路有哪几种类型？
4. 变频器的控制方式有哪些？各有什么特点？
5. 认识 3 种以上品牌的变频器，能正确理解变频器的型号和含义。
6. 交-直-交变频器的主电路包括哪三个组成部分？各部分的作用是什么？
7. 交-交变频器有什么特点？主要应用于哪种场合？
8. 变频器中常用电力电子器件有哪些？
9. 简述变频器的工作原理及应用方向。
10. 什么是 U/f 控制？变频器在变频时为什么还要变压？
11. 矢量控制的理念是什么？矢量控制经过哪几种变换？
12. 和 U/f 控制相比，转差频率控制有什么优点？
13. 矢量控制有什么优越性？
14. 直接转矩控制的原理是什么？

项目三　变频器的基本运行模式

学习目标

(1) 掌握变频器运行模式的转换方法及相应的参数设置方法；

(2) 掌握变频器操作面板的基本操作；

(3) 理解变频器的 PU 运行模式；

(4) 掌握变频器主电路的接线图并能正确接线；

(5) 熟悉变频器外部运行操作及功能参数并能正确设置。

能力目标

(1) 能够对变频器运行模式进行转换和设置相应的参数；

(2) 能够对变频器操作面板运行基本操作；

(3) 能够实现变频器控制电动机正、反转；

(4) 能够实现变频器控制电动机三段速、七段速、十五段速调速。

变频器的运行模式主要有 5 种，即面板运行模式（PU 运行模式）、外部运行模式（EXT运行模式）、组合运行模式 1、组合运行模式 2 以及网络运行模式（NET 运行模式）。PU 运行模式通过面板发出启动指令和频率指令，此时应设置 Pr.79＝0 或 1；EXT 运行模式通过开关发出启动指令和频率指令，此时应设置 Pr.79＝0 或 2；两种组合运行模式的启动指令和频率指令通过控制面板和外部操作分别发出，此时应设置 Pr.79＝3 和 4。

三菱 FR－A740 型变频器的操作单元有两种：一种是操作面板（三菱 FR－DU07）；另一种是参数单元（三菱 FR－PU04－CH）。常见三菱变频器外形如图 3.1 所示。

(a)　　　　　　　　　　(b)

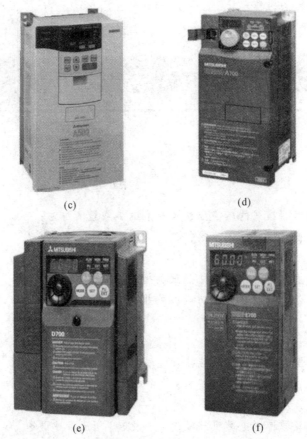

(c)　　　　　　　　　　　　(d)

(e)　　　　　　　　　　　　(f)

图 3.1　常见三菱变频器外形

(a) FR - S500 系列；(b) FR - E500 系列；(c) FR - A500 系列；

(d) FR - A700 系列；(e) FR - D700 系列；(f) FR - E700 系列

　任务1　认识变频器的操作面板

任务要求：

(1) 了解变频器操作面板的按键功能及指示灯状态说明。

(2) 掌握变频器操作面板的基本操作。

(3) 熟悉操作面板按键及指示灯功能。

变频器采用高性能的矢量控制技术，能提供低速高转矩输出，同时具备超强的过载能力，以满足广泛的应用场合。在应用变频器时，首先要掌握变频器的结构、参数设置、操作流程，熟悉变频器的操作面板，并能根据实际应用对变频器的各种功能参数进行设置。

3.1.1　变频器的操作面板

使用变频器之前，首先要熟悉它的操作面板显示和键盘操作单元，并且按照使用现场的要求合理设置参数。现以三菱 FR - DU07 变频器为例进行介绍。FR - DU07 变频器的操作面板如图 3.2 所示，其上半部为监视器及指示灯，下半部为各种按键。

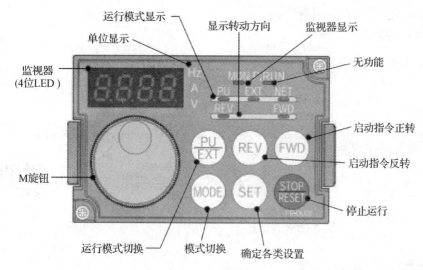

图 3.2　FR - DU07 变频器的操作面板

FR - UD07 变频器操作面板的按键功能及指示灯状态说明如表 3.1 所示。

表 3.1　FR - UD07 变频器操作面板的按键功能及指示灯状态说明

面板按键	功能说明	指示灯	状态说明
FWD 键	用于给出正转指令	Hz	显示频率时亮灯
REV 键	用于给出反转指令	A	显示电流时亮灯
MODE 键	切换各种设定模式	V	显示电压时亮灯
SET 键	确定各类设置	MON	监视模式时亮灯
PU EXT 键	进行 PU 运行模式与 EXT 运行模式间的切换	PU	PU 运行模式时亮灯
STOP RESET 键	停止运行，也可复位报警	EXT	外部运行模式时亮灯
旋钮 (M)旋钮	设置频率，改变参数的设定值	NET	网络运行模式时亮灯

3.1.2　操作面板的基本操作

在 FR - DU07 变频器的操作面板上可以进行切换运行模式、改变监视模式、设定运行频率、设定参数、清除错误、复制参数等操作，下面分别介绍切换运行模式、改变监视模式、设定运行频率的操作方法及步骤。

1. 切换运行模式

切换运行模式的操作如图 3.3 所示。

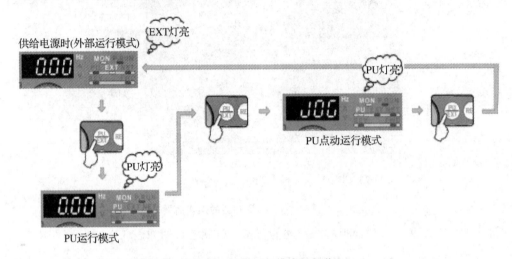

图 3.3　切换运行模式的操作

2. 改变监视模式

改变监视模式的操作方法及步骤如表 3.2 所示。

表 3.2　改变监视模式的操作方法及步骤

操作方法及步骤	变频器对应的显示画面
（1）在运行中按 (MODE) 键，切换到监视模式，此时输出频率显示在监视器上	**50.00** Hz MON P.RUN EXT FWD
（2）在运行中或停止后（与运行模式无关）按下 (SET) 键可把输出电流显示在监视器上	(SET) ⇒ **1.00** A MON EXT FWD
（3）再次按下 (SET) 键时，输出电压显示在监视器上	(SET) ⇒ **448.0** V MON EXT FWD

3. 设定运行频率

设定运行频率的具体操作方法及步骤如表 3.3 所示。

表 3.3 设定运行频率的具体操作方法及步骤

操作方法及步骤	变频器对应的显示画面
（1）供给电源时的监视器画面	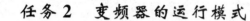
（2）旋转 M 旋钮来变更频率数值	
（3）按下 (SET) 键进行设置	(SET) ⇨ 50.00 Hz P. 闪烁……参数设置完毕

任务 2 变频器的运行模式

任务要求：

（1）理解变频器的 PU 运行模式；

（2）掌握变频器主电路的接线图并能正确接线；

（3）掌握变频器运行模式的转换方法；

（4）理解变频器基本参数的意义。

变频器的运行模式是指对输入到变频器的启动指令及频率进行设定的模式。变频器的运行模式有外部运行模式、PU 运行模式、组合运行模式、组合运行模式 2、网络运行模式等。在外部设置电位器及对开关进行操作时为外部运行模式；通过操作面板和参数单元、PU 接口的通信输入启动指令、进行频率设定时为 PU 运行模式；使用 RS-485 端子及通信时为网络运行模式。运行模式参数的选择是比较重要的，可确定变频器在什么模式下运行。本任务主要介绍变频器的 PU 运行模式。

3.2.1 变频器的 PU 运行模式

变频器运行的 PU 操作是指变频器不需要控制端子的接线，完全通过操作面板上的按键来控制各类生产机械的运行，如前进后退、上升下降、进刀回刀等。这种操作方式是变频器中用得最多的，因此掌握好这种操作方法是学习变频器使用的关键所在。变频器在正式投入运行前应试运行。试运行可选择较低频率的点动运行，此时电动机应旋转平稳，无不正常的振动和噪声，能够平稳地增速和减速。

1. 变频器的接线端子

变频器与外界的联系是通过端子来实现的。它的外部端子分为两部分：一部分是主电路接线端子；另一部分是控制电路接线端子。三菱 FR-D700 变频器所接的电源有两种情况：一种接三相交流电源；另一种接单相交流电源，具体使用哪种电源要根据实际使用的变频器外部端子来决定。三菱 FR-D700 变频器的外部端子接线示意图如图 3.4 所示。

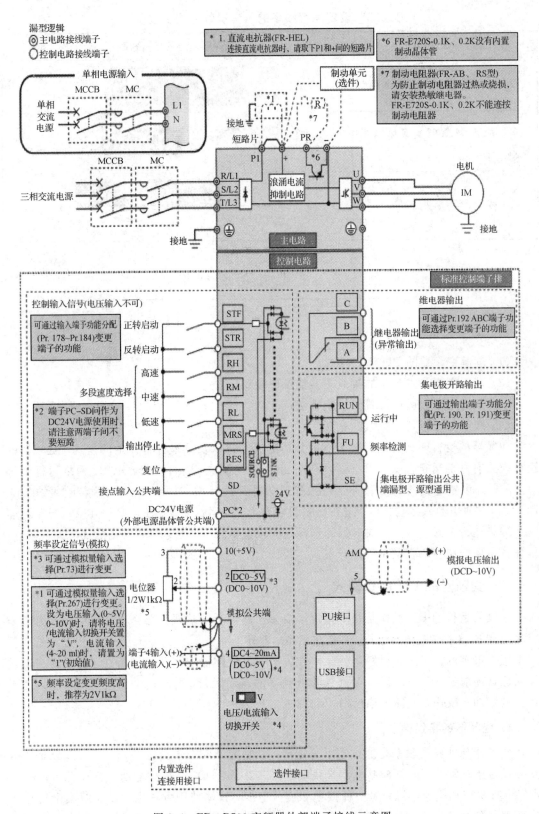

图 3.4　FR－D700 变频器外部端子接线示意图

2. 绘制并连接变频器的主电路

变频器的主电路是指从电源到变频器，再到电动机的一条电路，其接线图如图 3.5 所示。

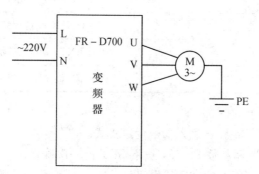

图 3.5　FR－D700 变频器主电路接线图

3. 操作步骤

设定频率为 50 Hz 进行试运行。电动机试运行操作步骤分解图如图 3.6 所示，具体操作步骤如下：

（1）上电，EXT、MON 指示灯亮，此时，按下 RUN 键，观察电动机是否运转。

（2）切换到 PU 运行模式，按下 PU/EXT 键，PU、MON 指示灯亮。此时，按下 RUN 键，观察电动机是否运转。

（3）切换到 PU 运行模式后，旋转 M 旋钮，将数值调节为 50。按下 SET 键，监视器上出现 F 和频率 50 闪烁，频率设定完成，按下 RUN 键，电动机以 50 Hz 的频率运转。

（4）按下 STOP 键，电动机停转。

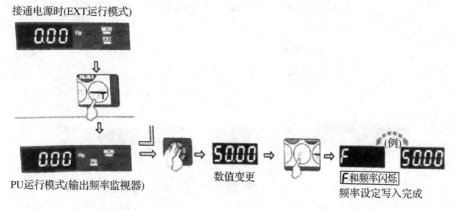

图 3.6　电动机试运行操作步骤分解图

4. 参数 Pr.79 的设定

通过设定参数 Pr.79 来设定 FR－D700 变频器的运行模式，设定值的范围为 0～7。变频器出厂时，参数 Pr.79 的设定值为 0，当停止运行时可以根据实际需要修改其设定值。

要求：请根据下述修改 Pr.79 设定值的方法将 Pr.79 分别设定为 1～4，观察各指示灯的状态并记录在表 3.4 中。

表 3.4　Pr.79 设定值及指示灯状态显示表

Pr.79 设定值	指示灯状态显示
1	PU、MON 指示灯亮
2	PU、MON 指示灯亮
3	PU、EXT、MON 指示灯亮
4	PU、EXT、MON 指示灯亮

操作步骤如下:

(1) 按下 MODE 键使变频器进入参数设定模式。

(2) 旋转 M 旋钮,选择参数 Pr.79,按下 SET 键一次确认。

(3) 然后再旋转 M 旋钮选择合适的设定值,按下 SET 键一次确认。

(4) 再按下两次 MODE 键,变频器的运行模式将变更为设定的模式。

设定参数 Pr.79 的操作步骤分解图如图 3.7 所示。

接通电源时(EXT运行模式)

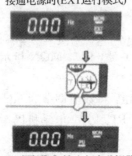

PU运行模式(输出频率监视器)　参数设定模式(PRM指示灯亮)

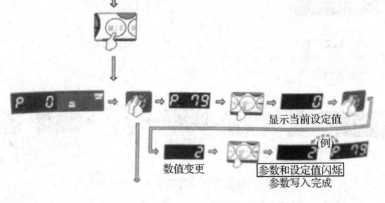

图 3.7　设定参数 Pr.79 的操作步骤分解图

例 3.1　设置参数 Pr.79,使变频器在 PU 运行模式下再设定频率,使电动机以 50 Hz 的频率运转。

操作步骤如下:

(1) 在 PU 运行模式下时,Pr.79 的值可以为 0,也可以为 1。当 Pr.79 的值为 0 时,可以通过 PU/EXT 键使 PU 指示灯亮。

（2）在保证只有 PU、MON 指示灯亮的情况下，旋转 M 旋钮至 50 Hz，按下 SET 键确认，然后按下 RUN 键，电动机则以 50 Hz 的频率运转。

（3）运转完毕后，按下 STOP 键，电动机停转。

3.2.2　变频器的参数设置

参数设置是变频器操作的一项重要工作，变频器参数出厂设定值被设定为完成简单的变速运行，如要进行实际的项目操作，则应该重新设定某些相关参数。可以通过操作面板的按键来实现参数的设定、修改和确定，设定参数之前必须选择参数号。设定参数分为两种情况：一种是在停机（STOP）方式下重新设定参数，这时可以设定所有参数；另一种是运行时设定参数，这时只能设定一部分功能参数。本任务主要通过实训的方式对常见变频器参数的作用进行验证，并对参数设置过程中的注意事项进行简单介绍。

实训内容 3.1　先设置 Pr.79＝2，再设置 Pr.1＝50，观察有什么异常情况出现，并记录。

当 Pr.79＝2 时，EXT、MON 指示灯亮，此时设置 Pr.1＝50，监视器上出现 Er4 与 50 交替闪烁，即变频器出现报错。

原因分析：进行参数设置时，首先选择 PU 运行模式，即 PU 指示灯亮（可使 Pr.79＝0 或 1），然后再改变其参数值。

实训内容 3.2　实现电动机的点动运行。

（1）在 PU 运行模式下使电动机以 20 Hz 的频率点动运行。操作步骤如下：

① 设置 Pr.79＝1，变频器工作在 PU 运行模式；

② 设置点动运行频率参数 Pr.15＝20；

③ 按下 PU/EXT 键切换到点动模式，此时监视器上显示 JOG；

④ 按下 RUN 键，电动机点动运行。

（2）在 PU 运行模式下使电动机以 20 Hz 的频率点动反转运行。

我们已经完成了电动机以 20 Hz 的频率点动运行，此时认为电动机是正转运行的，有什么方法能让电动机的运行方向发生改变呢？

电动机的运动方向由参数 Pr.40 的值决定，其出厂设置值为 0，电动机正转。当设置 Pr.40＝1 时，电动机反转。操作步骤如下：

① 设置 Pr.79＝1，变频器工作在 PU 运行模式；

② 设置点动运行频率参数 Pr.15＝20；

③ 设置 Pr.40＝1，电动机反转运行；

④ 按下 PU/EXT 键切换到点动模式，此时监视器上显示 JOG；

⑤ 按下 RUN 键，电动机点动反转运行。

变频器的参数有很多，此处以 Pr.79、Pr.1、Pr.15、Pr.40 为例介绍了变频器参数的设置步骤及参数间的关系，其他参数可以自行查阅。表 3.5 中列举了 FR－D700 变频器的常用参数，表 3.6 中根据使用目的对参数进行了分类，完整参数表可以查阅使用手册。

表 3.5　FR－D700 变频器常用参数表

参数号(Pr.)	参数名称	设定范围	出厂设定值
0	转矩提升	0～30%	3% 或 2%
1	上限频率	0～120 Hz	120 Hz
2	下限频率	0～120 Hz	0 Hz
3	基底频率	0～400 Hz	50 Hz
4	多段速度(高速)	0～400 Hz	60 Hz
5	多段速度(中速)	0～400 Hz	30 Hz
6	多段速度(低速)	0～400 Hz	10 Hz
7	加速时间	0～3600 s	5 s
8	减速时间	0～3600 s	5 s
9	电子过电流保护	0～500 A	依据额定电流整定
10	直流制动动作频率	0～120 Hz	3 Hz
11	直流制动动作时间	0～10 s	0.5 s
12	直流制动电压	0～30%	4%
13	启动频率	0～60 Hz	0.5 Hz
14	适用负载选择	0～5	0
15	点动运行频率	0～400 Hz	5 Hz
16	点动加、减速时间	0～360 s	0.5 s
17	MRS 端子输入选择	0、2	0
18	高速上限频率	120～400 Hz	120 Hz
20	加、减速基准频率	1～400 Hz	50 Hz
40	RUN 键旋转方向	0、1	0
77	参数禁止写入选择	0、1、2	0
78	逆转防止选择	0、1、2	0
79	运行模式选择	0～8	0
160	扩展功能显示选择	0、9999	9999

表 3.6　根据使用目的分类参数一览表

分　类	使 用 目 的	参 数 编 号
调整电动机的输出转矩(电流)	手动转矩提升	Pr.0、Pr.46
	先进磁通矢量控制、通用磁通矢量控制	Pr.80
	转差补偿	Pr.245～Pr.247
	失速防止动作	Pr.22、Pr.23、Pr.48、Pr.66、Pr.156、Pr.157

续表一

分　类	使 用 目 的	参 数 编 号
限制输出频率	上下限频率	Pr. 1、Pr. 2、Pr. 18
	避免机械共振点（频率跳变）	Pr. 31～Pr. 36
设定 U/f 曲线	基准频率、电压	Pr. 3、Pr. 19、Pr. 47
	适合用途的 U/f 曲线	Pr. 14
通过端子（节点输入）设定频率	通过多段速设定运行	Pr. 4～Pr. 6、Pr. 24～Pr. 27、Pr. 232～ Pr. 239
	点动运行	Pr. 15、Pr. 16
	遥控设定功能	Pr. 59
加、减速时间和加、减速曲线调整	加、减速时间设定	Pr. 7、Pr. 8、Pr. 20、Pr. 44、Pr. 45
	启动频率	Pr. 13、Pr. 571
	加、减速曲线	Pr. 29
	再生回避功能	Pr. 665、Pr. 882、Pr. 883、Pr. 885、Pr. 886
电动机的选择和保护	电动机的过热保护（电子过电流保护）	Pr. 9、Pr. 51
	使用恒转矩电动机（适用电动机）	Pr. 71、Pr. 450
	离线自动调谐	Pr. 71、Pr. 82～Pr. 84、Pr. 90、Pr. 96
电动机的制动和停止动作	直流制动	Pr. 10～Pr. 12
	再生单元的选择	Pr. 30、Pr. 70
	电动机停止方法和启动信号的选择	Pr. 250
	停电时减速后停止	Pr. 261
外部端子的功能分配和控制	输入端子的功能分配	Pr. 178～Pr. 182
	启动信号的选择	Pr. 250
	输出停止信号（MRS）的逻辑选择	Pr. 17
	输出端子的功能分配	Pr. 190、Pr. 192
	输出频率的检测（SU、FU 信号）	Pr. 41～Pr. 43
	输出电流的检测（Y12 信号）零电流的检测（Y13 信号）	Pr. 150～Pr. 153、Pr. 166、Pr. 167
	远程输出功能（REM 信号）	Pr. 495、Pr. 496
监视器显示和监视器输出信号	转速显示与转数设定	Pr. 37
	DU/PU 监视内容的变更，累计监视值的清除	Pr. 52、Pr. 170、Pr. 171、Pr. 563、Pr. 564、P. 891

续表二

分　类	使 用 目 的	参 数 编 号
监视器显示和监视器输出信号	端子 AM 输出的监视器变更	Pr. 55、Pr. 56、Pr. 158
	监视器小数位的选择	Pr. 268
	端子 AM 输出的调整(校正)	C1(Pr. 901)
停电、瞬时停电时的动作选择	瞬时停电再启动操作/非强制驱动功能(高速起步)	Pr. 57、Pr. 58、Pr. 162、Pr. 165、Pr. 298 Pr. 299、Pr. 611
	停电时减速后停止	Pr. 261
异常发生时的动作设定	报警发生时的再试功能	Pr. 65、Pr. 67～Pr. 69
	输入/输出缺相保护选择	Pr. 251、Pr. 872
	启动时接地检测的有无	Pr. 249
	再生回避功能	Pr. 665、Pr. 882、Pr. 885、Pr. 886
节能运行	节能控制选择	Pr. 60
电动机噪声的降低,噪声、漏电的对策	载波频率和 Soft-PWM 选择	Pr. 72、Pr. 240、Pr. 260
	模拟量输入时的噪声消除	Pr. 74
	缓和机械共振(速度滤波控制)	Pr. 653
利用模拟量输入的频率设定	模拟量输入选择	Pr. 73、Pr. 267
	模拟量输入时的噪声消除	Pr. 74
	模拟量输入频率的变更,电压、电流输入、频率的调整(校正)	Pr. 125、Pr. 126、Pr. 241、C2～C7 (Pr. 902～Pr. 905)
防止误操作、参数设定的限制	复位选择、PU 脱离检测	Pr. 75
	防止参数值被意外改写密码功能	Pr. 77 Pr. 296、Pr. 297
	防止电动机反转	Pr. 78
	显示参数的变更	Pr. 160
	通过通信写入参数的控制	Pr. 342
运行模式和操作权的选择	运行模式的选择	Pr. 79
	电源设置为 ON 时的运行模式	Pr. 79、Pr. 340
	通信运行指令权与通信速率指令权	Pr. 338、Pr. 339
	PU 运行模式操作权选择	Pr. 551
通信运行和设定	RS-485 通信初始设定	Pr. 117～Pr. 124、Pr. 502
	通过通信写入参数的控制	Pr. 342
	MODBUS-RTU 通信规格	Pr. 343
	通信运行指令权与通信速率指令权	Pr. 338、Pr. 339、Pr. 551
	MODBUS-RTU 通信协议(通信协议选择)	Pr. 549

续表三

分 类	使用目的	参 数 编 号
特殊的运行与频率控制	PID 控制	Pr. 127～Pr. 134、Pr. 575～Pr. 577
	浮动辊控制	Pr. 128～Pr. 134、Pr. 575～Pr. 577
	三角波功能	Pr. 592～Pr. 597
辅助功能	延长冷却风扇的寿命	Pr. 244
	显示零件的维护时期	Pr. 255～Pr. 259、Pr. 503、Pr. 504、Pr. 555～Pr. 557、Pr. 563、Pr. 564
参数单元、操作面板的设定	RUN 键旋转方向的选择	Pr. 40
	参数单元显示语言的选择	Pr. 145
	操作面板的动作选择	Pr. 161
	参数单元的蜂鸣器音控制	Pr. 990
	参数单元的对比度调整	Pr. 991

实训内容 3.3 验证 Pr. 1、Pr. 2、Pr. 13、Pr. 18 之间的关系。

Pr. 1 为上限频率参数，Pr. 2 为下限频率参数，Pr. 13 为启动频率参数，Pr. 18 为高速上限频率参数，这四个参数具体有什么含义以及它们之间存在着什么样的关系呢？下面通过实验进行说明。

(1) 验证 Pr. 1 和 Pr. 18 之间的关系。

① 设置 Pr. 1=50、Pr. 2=0、Pr. 18=120，通过 PU 操作调节频率，观察电动机能否运行在 50 Hz 以上，并记录此时 Pr. 1 和 Pr. 18 的参数值。

现象：电动机能运行在 50 Hz 以上，此时 Pr. 1=120、Pr. 18=120。

注：出厂设置时，并不是所有参数都可以直接显示，通过设置 Pr. 160=0，可以显示出所有参数。

② 在上述实验的基础上，只设置 Pr. 1=50，其他参数不变，观察电动机能否运行在 50 Hz 以上，并记录此时 Pr. 1 和 Pr. 18 的参数值。

现象：电动机不能运行在 50 Hz 以上，此时 Pr. 1=50、Pr. 18=50。

结论：Pr. 1 为上限频率参数，Pr. 18 为高速上限频率参数，两者间的关系如下：

当运行频率 $f \leqslant 120$ Hz 时，Pr. 1、Pr. 18 两者的参数值相等，其值取后面所设置的参数值，而前面设置的参数值将被覆盖。

当运行频率 $f > 120$ Hz 时，只能通过高速上限频率参数(Pr. 18)来设置频率值。

(2) 验证 Pr. 2 和 Pr. 13 之间的关系。

① 设置 Pr. 1=50、Pr. 2=30，通过 PU 操作调节频率，观察电动机能否运行在 30 Hz 以下。

现象：频率调不到 30 Hz 以下，电动机不能运行在 30 Hz 以下，只有在 30 Hz$\leqslant f \leqslant 50$ Hz 的条件下，电动机才能运转。

② 设置 Pr. 1=50、Pr. 2=0、Pr. 13=30，观察变频器在 0～30 Hz 之间时是否有频率显示，电动机是否运转，并记录电动机在什么条件下可以转动。

现象：变频器在 0～30 Hz 之间时有频率显示，但电动机不能运转。只有当 30 Hz≤f≤50 Hz 时，电动机才运转。

③ 设置 Pr.1＝50、Pr.2＝35、Pr.13＝30，观察变频器(0～30 Hz)之间时是否有频率显示以及电动机在什么条件下可以转动。

现象：M 旋钮调不到 35 Hz 以下，变频器在 0～35 Hz 之间时无频率显示，从 35 Hz 开始有显示，且电动机转动。当 35 Hz≤f≤50 Hz 时，电动机转动。

结论：电动机能够转动的下限频率由 Pr.2 和 Pr.13 共同决定，由两者中较大的值决定。另外，Pr.2 的值决定了监视器上能够显示的频率最小值。

3.2.3 变频器基本参数的意义

1. 转矩提升参数(Pr.0)

参数 Pr.0 用于补偿电动机绕组上的电压降，以改善电动机低速时的转矩性能。假定额定频率(又称基底频率)电压为 100％，用百分数设定 0Hz 的电压。设定过大将导致电动机发热；设定过小则启动力矩不够，一般最大值大约设定为 10％。参数 Pr.0 的意义图如图 3.8 所示。

2. 上限频率参数(Pr.1)和下限频率参数(Pr.2)

Pr.1 和 Pr.2 两个参数用于限制电动机运转的最高速度和最低速度。用 Pr.1 设定输出频率的上限，如果频率设定值高于此设定值，则输出频率被钳位在上限频率。当 Pr.2 设定值高于启动频率设定值时，电动机将在启动频率时运行，不执行设定频率。当这两个值确定后，电动机的运行频率就在此范围内确定。参数 Pr.1、Pr.2 的意义图如图 3.9 所示。

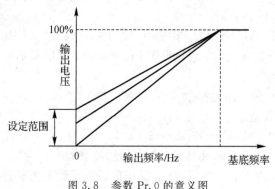

图 3.8　参数 Pr.0 的意义图

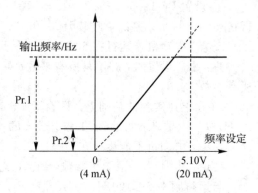

图 3.9　参数 Pr.1、Pr.2 的意义图

3. 基底频率参数(Pr.3)

参数 Pr.3 用于调整输出电动机的额定频率值。当使用标准电动机时，通常设定为电动机的额定值。当需要电动机运行在工频电源与变频器切换时，设定变频器频率与电源频率相同。

4. 多段速度参数(Pr.4、Pr.5、Pr.6)

Pr.4、Pr.5、Pr.6 三个参数用于设定电动机的多种运行速度，但电动机的转速切换必须用开关器件通过改变变频器外接输入端子(RH、RM、RL)的状态及组合来实现。三个输入端子(RH、RM、RL)组合的状态共有七种,每种状态控制着电动机的一种转速,因此电动机有七种不同的转速,如图3.10所示。

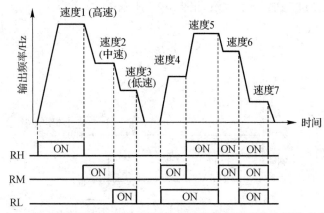

图3.10 输入端子(RH、RM、RL)组合的状态与电动机的转速对应关系

5. 加、减速时间参数(Pr.7、Pr.8)及加、减速基准频率参数(Pr.20)

Pr.20用于设定电动机的加、减速基准频率。

Pr.7用于设定电动机从0 Hz加速到Pr.20指定的频率的加速时间,缓慢加速时设定得较大些,快速加速时设定得较小些。

Pr.8用于设定电动机从Pr.20指定的频率减速到0 Hz的减速时间,缓慢减速时设定得较大些,快速减速时设定得较小些。

参数Pr.7、Pr.8、Pr.20的意义如图3.11所示。

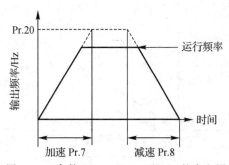

图3.11 参数Pr.7、Pr.8、Pr.20的意义图

6. 电子过电流保护参数(Pr.9)

参数Pr.9用于设定电子过电流保护的电流值,从而可以防止电动机过热,使电动机得到最佳的保护性能。设定参数Pr.9时须注意以下事项:

(1)当变频器连接两台或三台电动机时,此参数的值应设为0,电子过电流功能不起作用,每台电动机必须安装热继电器来保护。

(2)特殊电动机不能用过电流保护,请安装外部热继电器。

(3)当控制一台电动机运行时,此参数的值应设为电动机额定电流的1~1.2倍。

7. 直流制动相关参数(Pr.10、Pr.11、Pr.12)

Pr.10用于设定电动机停止时直流制动的动作频率。

Pr. 11 用于设定电动机停止时直流制动的动作时间。

Pr. 12 用于设定电动机停止时直流制动的电压（转矩）。

参数 Pr. 10、Pr. 11、Pr. 12 的意义如图 3.12 所示。

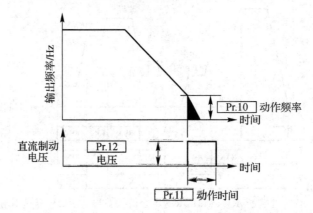

图 3.12　参数 Pr.10、Pr.11、Pr.12 的意义图

8. 启动频率参数(Pr.13)

参数 Pr. 13 用于设定电动机开始启动的频率。如果设定频率（运行频率）小于 Pr. 13 设定的启动频率，则变频器将不能启动。例如，当 Pr. 13 设定为 5 Hz 时，只有当设定的运行频率达到 5 Hz 时，电动机才能启动运行。

当 Pr. 13 的设定值小于 Pr. 2 的设定值时，即使没有指定频率输入，只要启动信号为 ON，电动机也将在 Pr. 2 的设定值时开始运行。

参数 Pr. 13 的意义如图 3.13 所示。

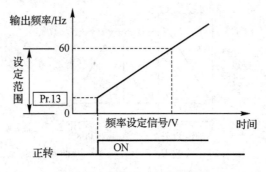

图 3.13　参数 Pr.13 的意义图

9. 适用负荷选择参数(Pr.14)

参数 Pr. 14 用于选择与负载特性最适宜的输出特性，即 U/f 特性。不同参数 Pr. 14 所适用的负载如图 3.14 所示。

10. 点动运行频率参数(Pr.15)和点动加、减速时间参数(Pr.16)

参数 Pr. 15 用于设定点动状态下的运行频率。但电动机的电动转速控制在不同的运行模式下有不同的操作方法：当变频器设定在外部运行模式时，用输入端子选择点动功能（接通控制端子 SD 与 JOG 即可）；当点动信号为 ON 时，用启动信号（STF 或 STR）实现点动运行。当变频器设定在 PU 运行模式时，用操作单元上的操作键（FWD 或 REV）实现点动运行。

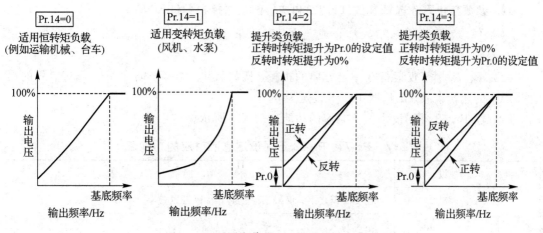

图 3.14　不同参数 Pr.14 所适用的负载图

参数 Pr.16 用于设定点动状态下的加、减速时间。

参数 Pr.15、Pr.16 的意义如图 3.15 所示。

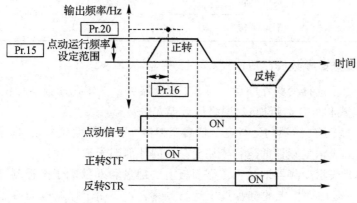

图 3.15　参数 Pr.15、Pr.16 的意义图

11. MRS 端子输入选择参数(Pr.17)

参数 Pr.17 用于选择 MRS 端子的逻辑,以控制变频器是否有输出。Pr.17 为不同设定值时变频器的工作状况如图 3.16 所示。

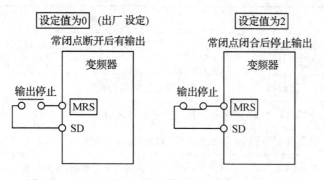

图 3.16　Pr.17 为不同设定值时变频器的工作状况图

12. 参数禁止写入选择参数(Pr.77)和逆转防止选择参数(Pr.78)

参数 Pr.77 用于参数写入禁止或允许,以防止参数被意外改写。出厂时 Pr.77 设定为 0。

参数 Pr.78 用于仅运行在一个方向的机械,例如风机、泵等,防止由于启动信号的误动作产生的逆转事故。出厂时 Pr.78 设定为 0。

Pr.77、Pr.78 不同设定值所对应的功能如表 3.7 所示。

表 3.7 Pr.77、Pr.78 不同设定值所对应的功能表

参数号	设定值	功　能
Pr.77	0	在 PU 模式下,仅限于停止时,参数可以被写入
	1	不可写入参数,但在运行模式选择下可以写入
	2	即使运行时也可以写入
Pr.78	0	正转和反转均可(出厂设定值)
	1	不可反转
	2	不可正转

13. 运行模式选择参数(Pr.79)

参数 Pr.79 用于选择变频器的运行模式。变频器可以工作在面板运行模式(PU 运行模式)、外部运行模式和组合运行模式(网络运行模式略)。

PU 运行模式表示变频器的运行完全依靠变频器面板上的键盘来控制。

外部运行模式表示变频器的运行依靠变频器的外部端子来控制。

组合运行模式表示变频器的运行依靠面板上的键盘和外部端子来控制。这种工作有两种控制方式:一种是用面板上的键盘设定运行频率,外部端子控制电动机启停,称为组合运行模式 1;另一种是用面板上的键盘控制电动机启停,外部端子控制运行频率,称为组合运行模式 2。

Pr.79 设定值对应的工作模式如表 3.8 所示。

表 3.8 Pr.79 设定值对应的工作模式表

Pr.79 设定值	工　作　模　式
0	电源接通时为外部运行模式,通过增减键可以在外部运行模式和 PU 运行模式间切换
1	PU 运行模式(面板上的键盘控制变频器的运行)
2	外部运行模式(外部端子控制变频器的运行)
3	组合运行模式 1,用面板上的键盘设定运行频率,外部端子控制电动机启停
4	组合运行模式 2,用外部端子控制运行频率,面板上的键盘控制电动机启停
5	程序运行

任务 3 变频器运行的外部操作

任务要求：

(1) 熟悉变频器外部运行操作及功能参数并能正确设置；

(2) 掌握变频器控制电动机实现正、反转的方法；

(3) 掌握变频器控制电动机实现三段速、七段速、十五段速调速的方法。

变频器运行的外部操作指变频器的运行频率和启停信号是通过变频器的外部端子的接线来完成的，而不是通过操作面板输入的。

3.3.1 变频器控制电动机的正、反转

1. 电动机的正转控制

问题提出：通过开关设定频率，合上开关 SB1、SB2，电动机以 35 Hz 的频率正转，断开开关 SB1、SB2，电动机停转，正转控制运行图如图 3.17 所示。请绘制接线图，写出操作步骤。

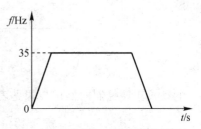

图 3.17 电动机正转控制运行图

FR - E700 变频器对电动机的控制必须有两类信号：一类是启动信号；另一类是频率信号。一般情况下，在 FR - E700 变频器外部端子中，STF、STR 两个端子提供启动信号，其中 STF 为正转端子，STR 为反转端子；而频率信号由 RH、RM、RL 三个速度端子提供，分为高速、中速、低速。需要注意的是，三个速度端子是平等关系。比如要输出三个速度，其对应的频率分别为 20 Hz、30 Hz、40 Hz，我们可以让 RH 端子输出 20 Hz、RM 端子输出 30 Hz、RL 端子输出 40 Hz，在分配参数值时，速度不必从高到低。如何使速度端子接通时运行某一特定频率呢？可以通过对参数的设置来实现的。对于 FR - E700 变频器，速度端子与运行参数及频率对应关系见表 3.9。通过组合三个速度端子，最多可以实现七段速运行，这将在后面进行详细介绍。表 3.9 中数字 1 表示速度端子接通（即相应外接开关闭合），数字 0 表示速度端子断开（即相应外接开关断开）。

表 3.9 速度端子与运行参数及频率对应关系表

速度端子 RH	速度端子 RM	速度端子 RL	运行参数	设定频率/Hz
1	0	0	Pr. 4	f_1
0	1	0	Pr. 5	f_2
0	0	1	Pr. 6	f_3
0	1	1	Pr. 24	f_4
1	0	1	Pr. 25	f_5
1	1	0	Pr. 26	f_6
1	1	1	Pr. 27	f_7

对于正转控制，我们只需要用到正转端子 STF 和一个速度端子 RH（RM、RL 也可以），以对应两个开关 SB1、SB2，接线图如图 3.18 所示。

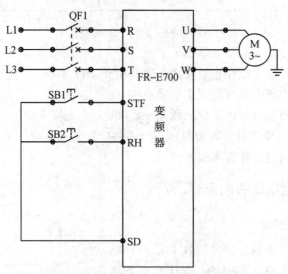

图 3.18　电动机正转控制接线图

电动机正转控制的操作步骤见表 3.10 所示。

表 3.10　电动机正转控制的操作步骤

1	Pr.79＝1，ALLC＝1（恢复出厂设置）
2	Pr.4＝35
3	Pr.79＝2
4	闭合开关 SB1，RUN 指示灯闪烁，再闭合开关 SB2，电动机以 35 Hz 的频率正转
5	断开开关 SB1、SB2，电动机停转

2. 电动机的反转控制

问题提出：通过开关设定频率，合上开关 SB1、SB2，电动机以 35 Hz 的频率反转，断开开关 SB1、SB2，电动机停转，反转控制运行图如图 3.19 所示。请绘制接线图，写出操作步骤。

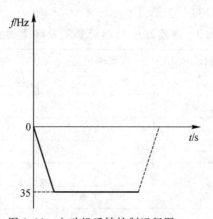

图 3.19　电动机反转控制运行图

控制电动机进行反转时,需要使用反转端子 STR,频率使用速度端子 RH 进行控制(也可以使用 RM 或 RL),接线图如图 3.20 所示。

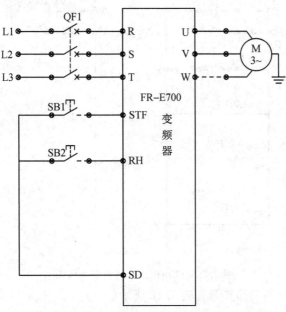

图 3.20 电动机反转控制接线图

电动机反转控制的操作步骤见表 3.11 所示。

表 3.11 电动机反转控制的操作步骤

1	Pr.79＝1,ALLC＝1(恢复出厂设置)
2	Pr.4＝35
3	Pr.79＝2
4	闭合开关 SB1,RUN 指示灯闪烁,再闭合开关 SB2,电动机以 35 Hz 的频率反转
5	断开开关 SB1、SB2,电动机停转

3. 电动机的正反转控制

问题提出:通过开关设定频率,合上开关 SB1、SB3,电动机以 35 Hz 的频率正转,合上开关 SB2、SB3,电动机以 35 Hz 的频率反转,正反转控制运行图如图 3.21 所示。请绘制接线图,写出操作步骤。注意:需保证开关 SB1、SB2 不能同时闭合。

控制电动机进行正转和反转时,需要使用正转端子 STF 和反转端子 STR,频率使用速度端子 RH 进行控制,接线图如图 3.22 所示。

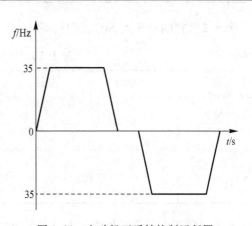

图 3.21 电动机正反转控制运行图

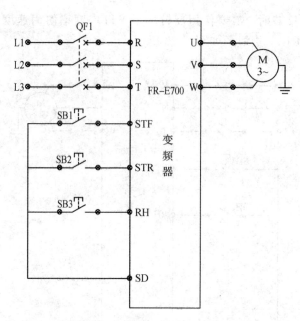

图 3.22　电动机正反转控制接线图

电动机正反转控制的操作步骤见表 3.12 所示。

表 3.12　电动机正反转控制的操作步骤

1	Pr.79＝1，ALLC＝1(恢复出厂设置)
2	Pr.4＝35
3	Pr.79＝2
4	闭合开关 SB1，RUN 指示灯闪烁，再闭合开关 SB3，电动机以 35 Hz 的频率正转
5	断开开关 SB1、SB3，电动机正转停转
6	闭合开关 SB2，RUN 指示灯闪烁，再闭合开关 SB3，电动机以 35 Hz 的频率反转
7	断开开关 SB2、SB3，电动机反转停转

例 3.2　有四个开关 SB1、SB2、SB3、SB4，请实现表 3.13 要求的控制。

表 3.13　控制要求对应表

SB1	SB2	SB3	SB4	f/Hz	转动方向
1	0	1	0	25	正转
1	0	0	1	35	正转
0	1	1	0	25	反转
0	1	0	1	35	反转

　　要求用到四个开关，并涉及正反转及两个频率，关键在于确定四个开关与变频器端子的对应关系。分析表 3.13 可知，开关 SB1 接通时对应正转，开关 SB2 接通时对应反转，开

关 SB3 接通时对应 25 Hz，SB4 接通时对应 35 Hz，由此可得接线图如图 3.23 所示。

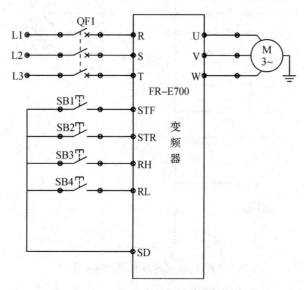

图 3.23 电动机正反转(双速)控制接线图

注意：在操作过程中，开关 SB1 与 SB2 不能同时闭合。

电动机正反转(双速)控制的操作步骤如表 3.14 所示。

表 3.14 电动机正反转(双速)控制的操作步骤

1	Pr.79＝1，ALLC＝1(恢复出厂设置)
2	Pr.4＝25，Pr.5＝35
3	Pr.79＝2
4	闭合开关 SB1，RUN 指示灯闪烁，再闭合开关 SB3，电动机以 25 Hz 的频率正转
5	断开开关 SB1、SB3，电动机正转停转
6	闭合开关 SB1，RUN 指示灯闪烁，再闭合开关 SB4，电动机以 35 Hz 的频率正转
7	断开开关 SB1、SB4，电动机正转停转
8	闭合开关 SB2，RUN 指示灯闪烁，再闭合开关 SB3，电动机以 25 Hz 的频率反转
9	断开开关 SB2、SB3，电动机反转停转
10	闭合开关 SB2，RUN 指示灯闪烁，再闭合开关 SB4，电动机以 35 Hz 的频率反转
11	断开开关 SB2、SB4，电动机反转停转

4. 利用模拟电压法控制电动机的正反转运行

问题提出：通过模拟电压设定频率，闭合开关 SB1，调节电位器，电动机以 35 Hz 的频率正转，闭合开关 SB2，调节电位器，电动机以 30 Hz 的频率反转。

根据问题要求可知，频率信号由模拟电压来设定，FR－E700 变频器提供了 10、2、5 三个端子用于设定模拟电压，而正反转仍需要使用端子 STF、STR，接线图如图 3.24 所示。

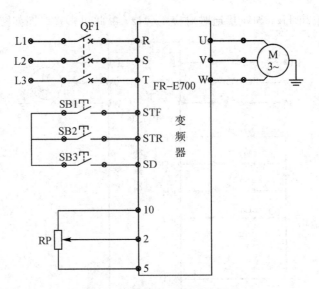

图 3.24　电动机模拟电压控制接线图

电动机模拟电压控制的操作步骤如表 3.15 所示。

表 3.15　电动机模拟电压控制操作步骤

1	Pr.79＝1,ALLC＝1(恢复出厂设置)
2	Pr.79＝2(EXT 指示灯亮)
3	闭合开关 SB1/SB2,端子 STF/STR 设置为 ON。当无频率指令时,RUN 指示灯快速闪烁
4	加速:将电位器(频率设定器)缓慢向右拧(增大接入电阻,相当于图 3.24 中 RP 触头上移),直至显示屏上的频率数值增大到 35 Hz/30 Hz。RUN 指示灯在正转时亮
5	减速:将电位器(频率设定器)缓慢向左拧(减小接入电阻,相当于图 3.24 中 RP 触头下移),直至显示屏上的频率数值减小到 30 Hz。RUN 指示灯缓慢闪烁
6	停止:将启动开关(STF/STR)设置为 OFF,RUN 指示灯熄灭

采用模拟电压法控制电动机的正反转运行时可以得出,RUN 指示灯的三种不同状态对应电动机的三种不同工作情况,即

(1) RUN 指示灯常亮:电动机正转;

(2) RUN 指示灯慢闪:电动机反转;

(3) RUN 指示灯快闪:有启动信号,没有频率信号。

3.3.2　变频器控制电动机的多段速运行

1. 变频器实现电动机的三段速控制

问题提出:闭合开关 SB1、SB2,电动机以 25 Hz 的频率正转;闭合开关 SB1、SB3,电动机以 30 Hz 的频率正转;闭合开关 SB1、SB4,电动机以 35 Hz 的频率正转。请绘制接线图,并写出操作步骤。

　　根据问题要求可知，要实现外部运行模式下变频器控制电动机正转，需要控制端子STF，外部接入开关 SB1；频率信号的实现需要通过控制速度端子，由于正转运行频率不同，故需采用三个速度端子来实现，外部接入开关 SB2～SB4，采用端子 RH、RM、RL。电动机三(七)段速控制接线图如图 3.25 所示。

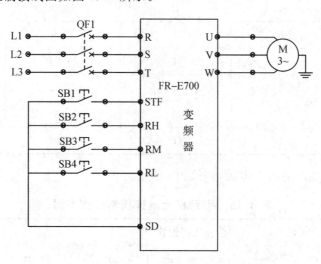

图 3.25　电动机三(七)段速控制接线图

电动机三段速控制的操作步骤如表 3.16 所示。

表 3.16　电动机三段速控制操作步骤

1	Pr.79＝1，ALLC＝1(恢复出厂设置)
2	Pr.4＝25，Pr.5＝30，Pr.6＝35
3	Pr.79＝2
4	闭合开关 SB1，RUN 指示灯闪烁，再闭合开关 SB2，电动机以 25 Hz 的频率正转
5	断开开关 SB2，闭合开关 SB3，电动机以 30 Hz 的频率正转
6	断开开关 SB3，闭合开关 SB4，电动机以 35 Hz 的频率正转
7	断开开关 SB1～SB4，电动机停转

2. 变频器实现电动机的七段速控制

　　问题提出：变频器控制电动机的七段速运行，这七段速度对应的频率分别是 5 Hz、10 Hz、20 Hz、30 Hz、35 Hz、40 Hz、50 Hz。

　　此处只要求正转，需要将端子 STF 外接开关 SB1。另外由表 3.9 可知，通过三个速度端子的组合可以实现七段速控制，因此速度端子 RH、RM、RL 分别外接开关 SB2、SB3、SB4，接线图如图 3.25 所示。

　　根据表 3.9 的对应关系可知，七段速的速度端子与运行参数及频率对应关系见表3.17所示。

表 3.17　七段速的速度端子与运行参数及频率对应表

速度端子 RH	速度端子 RM	速度端子 RL	运行参数	设定频率/Hz
1	0	0	Pr.4	5
0	1	0	Pr.5	10
0	0	1	Pr.6	20
0	1	1	Pr.24	30
1	0	1	Pr.25	35
1	1	0	Pr.26	40
1	1	1	Pr.27	50

电动机七段速控制的操作步骤如表 3.18 所示。

表 3.18　电动机七段速控制操作步骤

1	Pr.79=1，ALLC=1(恢复出厂设置)
2	Pr.4=5，Pr.5=10，Pr.6=20，Pr.24=30，Pr.25=35，Pr.26=40，Pr.27=50
3	Pr.79=2
4	闭合开关 SB1、SB2，电动机以 5 Hz 的频率正转
5	闭合开关 SB1、SB3，电动机以 10 Hz 的频率正转
6	闭合开关 SB1、SB4，电动机以 20 Hz 的频率正转
7	闭合开关 SB1、SB3、SB4，电动机以 30 Hz 的频率正转
8	闭合开关 SB1、SB2、SB4，电动机以 35 Hz 的频率正转
9	闭合开关 SB1、SB2、SB3，电动机以 40 Hz 的频率正转
10	闭合开关 SB1、SB2、SB3、SB4，电动机以 50 Hz 的频率正转

3. 变频器实现电动机的十五段速控制

问题提出：变频器控制电动机的十五段速运行，这十五段速度对应的频率分别是 5 Hz、8 Hz、10 Hz、13 Hz、16 Hz、20 Hz、23 Hz、26 Hz、30 Hz、33 Hz、36 Hz、40 Hz、43 Hz、46 Hz、50 Hz。

FR-E700 变频器的某些功能端子在一定情况下是可以通过设置参数来改变其功能的。例如，正转端子 STF 的功能是由 Pr.178 来决定的，当 Pr.178=60 时，STF 实现正转功能；而反转端子 STR 的功能是由 Pr.179=61 来决定的，当其控制参数的值为 8 时，对应的端子可以实现十五段速选择。也就是说，如果设置 Pr.178=8，则端子 STF 不再作为正转端子，而是成为第四个速度端子 REX，此时如保留了反转端子的功能，则电动机只能实现反转十五段速；同时，如果设置 Pr.179=8，STR 成为速度端子，则电动机只能实现正转十五段速。要实现正转十五段速，正转端子的功能保留，反转端子变为第四个速度端子 REX，接线图如图 3.26 所示。

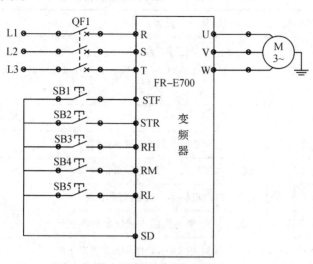

图 3.26 电动机十五段速控制接线图

电动机十五段速的速度端子与运行参数及频率对应关系如表 3.19 所示。

表 3.19 电动机十五段速的速度端子与运行参数及频率对应表

REX(STR)	速度端子 RH	速度端子 RM	速度端子 RL	运行参数	设定频率/Hz
0	1	0	0	Pr.4	5
0	0	1	0	Pr.5	8
0	0	0	1	Pr.6	10
0	0	1	1	Pr.24	13
0	1	0	1	Pr.25	16
0	1	1	0	Pr.26	20
0	1	1	1	Pr.27	23
1	0	0	0	Pr.232	26
1	0	0	1	Pr.233	30
1	0	1	0	Pr.234	33
1	0	1	1	Pr.235	36
1	1	0	0	Pr.236	40
1	1	0	1	Pr.237	43
1	1	1	0	Pr.238	46
1	1	1	1	Pr.239	50

电动机十五段速控制的操作步骤如表 3.20 所示。

表 3.20 电动机十五段速控制操作步骤

1	Pr. 79＝1，ALLC＝1（恢复出厂设置）
2	Pr. 4＝5，Pr. 5＝8，Pr. 6＝10，Pr. 24＝13，Pr. 25＝16，Pr. 26＝20，Pr. 27＝23，Pr. 232＝26，Pr. 233＝30，Pr. 234＝33，Pr. 235＝36，Pr. 236＝40，Pr. 237＝43，Pr. 238＝46，Pr. 239＝50
3	Pr. 79＝2
4	闭合开关 SB1、SB3，电动机以 5 Hz 的频率正转
5	闭合开关 SB1、SB4，电动机以 8 Hz 的频率正转
6	闭合开关 SB1、SB5，电动机以 10 Hz 的频率正转
7	闭合开关 SB1、SB4、SB5，电动机以 13 Hz 的频率正转
8	闭合开关 SB1、SB3、SB5，电动机以 16 Hz 的频率正转
9	闭合开关 SB1、SB3、SB4，电动机以 20 Hz 的频率正转
10	闭合开关 SB1、SB3、SB4、SB5，电动机以 23 Hz 的频率正转
11	闭合开关 SB1、SB2，电动机以 26 Hz 的频率正转
12	闭合开关 SB1、SB5，电动机以 30 Hz 的频率正转
13	闭合开关 SB1、SB4，电动机以 33 Hz 的频率正转
14	闭合开关 SB1、SB2、SB4、SB5，电动机以 36 Hz 的频率正转
15	闭合开关 SB1、SB2、SB3，电动机以 40 Hz 的频率正转
16	闭合开关 SB1、SB2、SB3、SB5，电动机以 43 Hz 的频率正转
17	闭合开关 SB1、SB2、SB3、SB4，电动机以 46 Hz 的频率正转
18	闭合开关 SB1、SB2、SB3、SB4、SB5，电动机以 50 Hz 的频率正转

任务4 变频器的组合运行模式

任务要求：

（1）了解变频器的组合运行模式及相应的参数设置；

（2）熟悉变频器组合运行模式的接线及调速方法。

变频器的组合运行模式是应用面板上的键盘和外部端子共同控制变频器运行的一种模式。其特征是面板上的"PU"灯和"EXT"灯同时发亮，通过预置 Pr. 79 的值，可以选择组合运行模式。当预置 Pr. 79＝3 时，选择组合运行模式 1；当预置 Pr. 79＝4 时，选择组合操作模式 2。

3.4.1 变频器组合运行模式 1

当预置 Pr.79＝3 时，选择组合运行模式 1，其含义为：运行频率由面板上的键盘设定，启动信号由外部端子控制，不接受外部的频率设定信号和 PU 的正转、反转、停止键的控制。

问题提出：某公司承接了一项工厂生产线的控制系统设计任务，其中一个环节要求用变频器控制三相异步电动机进行正反转调速控制，实现以 35 Hz 的频率正转，以 30 Hz 的频率反转，具体控制要求如下：

（1）通过外部端子控制电动机启动、停止和正转、反转；

（2）通过操作面板改变电动机的运行频率。

请绘制接线图，写出操作步骤。

由上述要求可知，该控制系统的启动信号由外部端子控制，频率信号由操作面板控制，变频器工作在组合运行模式 1，此时应设置 Pr.79＝3。由于外部端子控制电动机的正转、反转，因此只需用到 STF、STR 两个端子即可，接线图如图 3.27 所示。

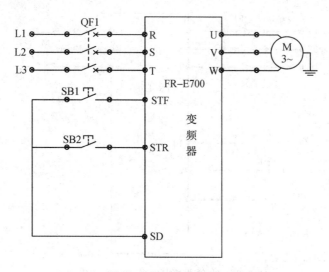

图 3.27　操作面板控制电动机频率接线图

利用操作面板控制电动机频率的操作步骤如表 3.21 所示。

表 3.21　利用操作面板控制电动机频率的操作步骤

1	Pr.79＝1，ALLC＝1(恢复出厂设置)
2	M 旋钮旋转到 35
3	Pr.79＝3
4	闭合开关 SB1，电动机以 35 Hz 的频率正转
5	断开开关 SB1，M 旋钮旋转到 30
6	闭合开关 SB2，电动机以 30 Hz 的频率反转

3.4.2　变频器组合运行模式2

当预置 Pr.79＝4 时，选择组合运行模式2，其含义为启动信号由面板上的"STF"或"STR"控制，运行频率由外部端子所接电位器控制。

问题提出：某公司承接了一项工厂生产线的控制系统设计任务，其中一个环节要求用变频器控制三相异步电动机进行正反转调速控制，实现以 35 Hz 的频率正转，以 30 Hz 的频率反转，具体控制要求如下：

（1）通过操作面板控制电动机启动、停止和正转、反转；

（2）通过外部端子所接电位器改变电动机的运行频率。

请绘制接线图，写出操作步骤。

由上述要求可知，该控制系统的启动信号由操作面板控制，频率信号由外部端子所接电位器调节，变频器工作在组合运行模式2，此时应设置 Pr.79＝4。由于外部端子所接电位器控制电动机的运行频率，因此只需用到 10、2、5 三个端子即可，接线图如图 3.28 所示。

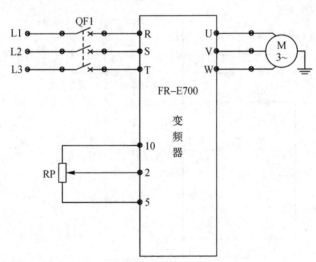

图 3.28　电位器控制电动机频率接线图

电位器控制电动机频率的操作步骤如表 3.22 所示。

表 3.22　电位器控制电动机频率操作步骤

1	Pr.79＝1，ALLC＝1(恢复出厂设置)
2	Pr.79＝4
3	按 RUN 键，调节电位器使电动机以 35 Hz 的频率正转
4	按 STOP 键停止
5	Pr.40＝1，按 RUN 键，调节电位器使电动机以 30 Hz 的频率反转
6	按 STOP 键停止

项 目 小 结

本项目主要介绍了变频器操作面板的基本操作、变频器的运行模式、变频器运行的外部操作、变频器的组合运行模式以及相关知识的技能训练。使用变频器前,先要熟悉它的面板显示和键盘操作单元(或称控制单元)并且按照使用现场的要求合理设置参数。使用变频器时,需要先将所有参数值恢复出厂设置,此操作通过设置参数 ALLC=1 便可以实现。另外,如果发现有些参数没有显示,无法调整参数,则需要设置 Pr.160=0。

在变频器技能训练过程中,要注意观察指示灯的状态,RUN 指示灯的不同情况可以给出不同提示信息。运行模式的不同决定了启动信号和频率信号的给定方式不同,下面通过表 3.23 对变频器的面板运行模式、外部运行模式、组合运行模式 1、组合运行模式 2 进行小结。

表 3.23 变频器运行模式一览表

Pr.79	运行模式	启动信号	频率信号
0	面板运行模式或者外部运行模式,由 PU/EXT 键进行切换,JOG 为点动模式		
1	面板运行模式	RUN/STOP 键,正反转由 Pr.40 参数值决定	M 旋钮,Pr.15 设置点动频率
2	外部运行模式	STF 正转、STR 反转	RH、RM、RL 三个速度端子;10、2、5 模拟电压
3	组合运行模式 1	STF 正转、STR 反转	M 旋钮
4	组合运行模式 2	RUN/STOP 键	RH、RM、RL 三个速度端子;10、2、5 模拟电压

技能训练 1 变频器操作面板的基本操作

1. 实训目的

(1)学习变频器操作面板的基本操作。

(2)掌握变频器各种工作模式的使用方法。

(3)引导学生弘扬攻坚克难精神、创新精神以及刻苦勤奋的学习精神、报效祖国的爱国精神;

(4)使学生形成良好的意志品质和敬业、诚信等良好的职业观。

2. 实训准备

实训准备内容如表 3.24 所示。

表 3.24　实训设备及工具材料

序号	分类	名　称	型号规格	数量	单位	备注
1	工具	电工常用工具	—	1	套	
2	仪表	万用表	MF47 型（自定）	1	块	
3	设备器材	变频器	FR - A740 0.75K 或自定	1	台	
4		配线板	500 mm×600 mm	1	块	
5		导轨	C45	0.3	m	
6		自动断路器	DZ47 - 61/3P D20	1	只	
7		铜塑线	BVR/2.5 mm²	10	m	
8		紧固件	螺钉（规格自定）	个	个	
9		线槽	25 mm×35 mm	若干	m	
10		号码管	—	若干	m	

3. 实训内容

在 PU 运行模式下实现下列操作：

(1) 查看变频器发生的报警记录。

(2) 清除变频器所有报警记录。

(3) 将用户以前所设的参数初始化到出厂设置。

(4) 将用户以前所设的参数全部清除。

4. 实训操作步骤

需要时，可以查看相关使用手册。

(1) 查看变频器发生的报警记录。

(2) 清除变频器所有报警记录。

(3) 将用户以前所设的参数初始化到出厂设置。

(4) 将用户以前所设的参数全部清除。

5. 检查测评

对实训内容的完成情况进行检查，并将结果填入表 3.25 中。

表 3.25　评 分 标 准

项目内容	考核要求	评分标准	配分	扣分	得分
查看变频器发生的报警记录	操作方法及步骤正确	操作方法错误 1 处扣 5 分；不会操作本项不得分	30		
清除变频器所有报警记录	操作方法及步骤正确	操作办法错误 1 处扣 5 分；不会操作本项不得分	20		
将用户以前所设的参数初始化到出厂设置	操作方法及步骤正确	操作方法错误 1 处扣 5 分；不会操作本项不得分	20		

续表

项目内容	考核要求	评分标准	配分	扣分	得分
将用户以前所设的参数全部清除	操作方法及步骤正确	操作方法错误 1 处扣 5 分,不会操作本项不得分	20		
安全文明生产	劳动保护用品穿戴整齐;电工工具佩带齐全;遵守操作规程;尊重考评员,讲文明礼貌;考试结束要清理现场	(1)考试中,违反安全文明生产考核要求的任何一项扣 2 分,扣完为止; (2)当考评员发现考生有重大事故隐患时,要立即予以制止,并停止操作,每次扣安全文明生产分 5 分	10		
合计					
工时定额 30 min	开始时间:	结束时间:			

技能训练 2 变频器运行模式及基本参数设置

1. 实训目的

(1)在 PU 运行模式下实现电动机的启动、点动及正反转控制。

(2)能根据控制要求正确设计和绘制电路原理图。

(3)能正确选择元器件并检查质量好坏。

(4)掌握变频器操作面板的基本操作方法。

(5)能独立完成采用变频器面板来控制电动机点动、正反转电路的安装及调试。

(6)养成注重细节、一丝不苟的工匠精神。

(7)形成团队精神、合作意识和创新创造能力。

2. 实训准备

实训准备内容如表 3.26 所示。

表 3.26 实训设备及工具材料

序号	分类	名 称	型号规格	数量	单位	备注
1	工具	电工常用工具	—	1	套	
2	仪表	万用表	MF47 型(自定)	1	块	
3	设备器材	变频器	FR-A740 0.75K 或自定	1	台	
4		配线板	500 mm×600 mm	1	块	
5		导轨	C45	0.3	m	
6		自动断路器	DZ47-63/3P D20	1	只	

续表

序号	分类	名称	型号规格	数量	单位	备注
7	设备器材	三相交流异步电动机	型号自定	1	台	
8		端子排	D-10	—	—	
9		铜塑线	BVR/2.5 mm²	10	m	主电路
10		紧固件	螺钉（规格自定）	若干	个	
11		线槽	25 mm×3 mm	若干	m	
12		号码管	—	若干	m	

3. 实训内容

1）根据控制要求设计变频器电路原理图

在 PU 运行模式下实现电动机启动、点动及正反转控制的变频器电路原理图及接线图如图 3.29 所示。

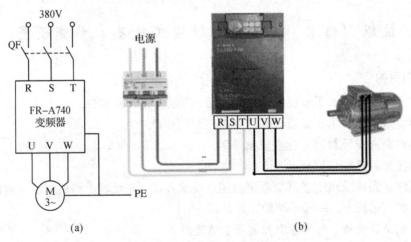

图 3.29　变频器电路原理图及接线图

(a) 原理图；(b) 接线图

2）线路安装与调试

根据图 3.29 所示的变频器电路原理图及接线图，按照以下安装电路的要求在模拟实物控制配线板上进行元件及线路的安装。

（1）检查元器件。根据实训设备及工具材料配齐元器件，检查元器件的规格是否符合要求，并用万用表检测元器件是否完好。

（2）固定元器件。按照图 3.30 所示的元器件安装分布固定好所需元器件。

（3）安装配线。根据图 3.29 所示的变频器电路原理图及接线图，按照配线原则和工艺要求进行配线安装。其操作要领是：将变频器与电源和电动机进行正确接线，即将 380V 三相交流电源连接至变频器的输入端（R、S、T），将变频器的输出端（U、V、W）连接至三相交流异步电动机，同时还要进行相应的接地保护连接，如图 3.31 所示。

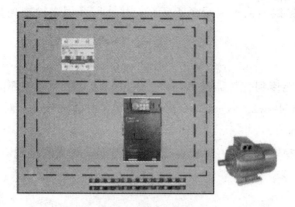

图 3.30　元器件安装布局图

FR-A740-0.4K~3.7K-CHT

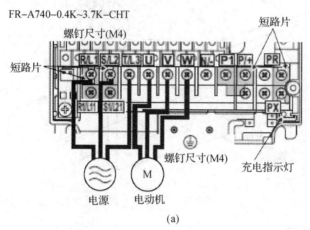

(a)

FR-A740-5.5K/7.5K-CHT

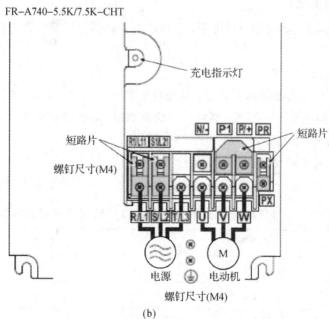

(b)

图 3.31　电源和电动机与变频器的连接图

(a) 功率为 0.4~3.7 kW 变频器的接法；(b) 功率为 5.5 kW、7.5 kW 变频器的接法

（4）自检。对照接线图检查接线是否无误，并使用万用表检查测量电路的阻值是否与设计要求符合。

4. 操作提示

（1）电源一定不能接到变频器输出端（U、V、W）上，否则将损坏变频器。

（2）当给 FR－A740－220K－CHT 变频器主电路导体布线时，对于导体，应把螺母放在右侧，如图 3.32 所示。

（3）变频器配线完毕后，要再次检查接线是否正确，有无漏接现象，端子和导线间是否短路或接地。

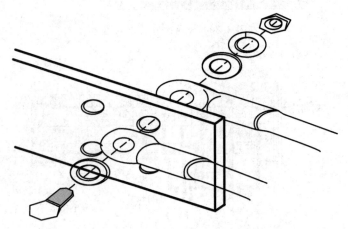

图 3.32　FR－A740－220K－CHT 以上的变频器主电路导体布线

5. 变频器的参数设置

合上电源开关 QF，接通变频器电源，然后恢复变频器出厂设置并进行参数设置，具体操作方法及步骤如下：

1）恢复变频器出厂设置

恢复变频器出厂设置的操作要领是，首先将参数 Pr.77 设定为 0，即选择在 PU 运行模式下，允许参数在停止状态下写入；然后找到代码 ALLC，将参数全部清除，即将参数和校准值全部初始化到出厂设置。

2）PU 运行模式下实现电动机点动运行

（1）变频器在 PU 运行模式下实现电动机点动运行时相关参数的设置如表 3.27 所示。

表 3.27　变频器在 PU 运行模式下实现电动机点动运行时相关参数的设置表

参数名称	参数号	设定值
运行模式选择	Pr.79	1
点动运行频率	Pr.15	10 Hz
点动加、减速时间	Pr.16	3 s

（2）变频器在 PU 运行模式下实现电动机点动运行的操作方法及步骤如表 3.28 所示。

表 3.28 变频器在 PU 运行模式下实现电动机点动运行的操作方法及步骤

操作方法及步骤	变频器对应的显示画面
（1）供给电源时的监视器画面	0.00 Hz MON EXT
（2）按下 PU/EXT 键切换到 PU 运行模式	PU/EXT ⇒ JOG Hz MON PU
（3）按下 MODE 键进行参数设定	MODE ⇒ P. 0（显示以前读出的参数编号）
（4）旋转 M 旋钮找到 P.15	⇒ P. 15
（5）按下 SET 键，显示当前设定值"5.00"（初始值）	SET ⇒ 5.00 Hz MON PU
（6）旋转 M 旋钮改变设定值为"10.00"	⇒ 10.00 Hz MON PU
（7）按下 SET 键进行设定	SET ⇒ 10.00 P. 15　闪烁……参数设置完毕
（8）重复第（1）～（2）的操作	
（9）按下 FWD 键或 REV 键，电动机以 10 Hz 的频率点动运行	FWD 持续按 ⇒ 10.00 Hz MON PU
（10）松开 FWD 键或 REV 键，电动机停止	FWD 松开 ⇒ 停止

3）PU 运行模式下实现电动机正反转运行

变频器在 PU 运行模式下实现电动机正反转时的运行频率可以通过操作面板的频率设定模式进行设定，也可以通过顺时针旋转 M 旋钮来设定。

（1）变频器在 PU 运行模式下实现电动机正反转运行时相关参数的设置如表 3.29 所示。

表 3.29　变频器在 PU 运行模式下实现电动机正反转运行时相关参数的设置表

参 数 名 称	参 数 号	设 定 值
运行模式选择	Pr.79	1
上限频率	Pr.1	50 Hz
下限频率	Pr.2	0 Hz
基底频率	Pr.3	50 Hz
加速时间	Pr.7	3 s
减速时间	Pr.8	3 s
加、减速基准频率	Pr.20	50 Hz
频率设定、键盘锁定操作选择	Pr.161	1

（2）用 M 旋钮设定运行频率（30 Hz），变频器在 PU 运行模式下实现电动机正反转运行的操作方法及步骤如表 3.30 所示。

表 3.30　变频器在 PU 运行模式下实现电动机正反转运行的操作方法及步骤

操作方法及步骤	变频器对应的显示画面
（1）供给电源时的监视器画面	0.00 Hz MON EXT
（2）按下 PU/EXT 键切换到 PU 运行模式	PU/EXT ⇒ PU显示亮灯　0.00 PU
（3）按下 MODE 键进行参数设定	MODE ⇒ P. 0 （显示以前读出的参数编号）
（4）旋转 M 旋钮找到 P.79	⇒ P. 79
（5）按下 SET 键，显示当前设定值 "0"	SET ⇒ 0 Hz MON PU
（6）旋转 M 旋钮改变设定值为 "10.00"	⇒ 1
（7）按下 SET 键进行设定	SET ⇒ 1 ⇄ P. 79　参数与设定值闪烁　参数写入完毕
（8）重复操作第（1）~（3）步设置	

续表一

操作方法及步骤	变频器对应的显示画面
（9）旋转 M 旋钮找到 *P. 1*	⟳ ⇨ *P. 1*
（10）按下 (SET) 键，读取当前设定值，显示"*120.0*"（初始值）	(SET) ⇨ *120.0* Hz
（11）旋转 M 旋钮改变设定值为"*50.00*"	⟳ ⇨ *50.00* Hz
（12）按下 (SET) 键进行设定	(SET) ⇨ *50.00* Hz *P. 1* 闪烁……参数设置完毕
（13）重复操作第(1)～(3)步设置	
（14）旋转 M 旋钮找到 *P. 2*	⟳ ⇨ *P. 2*
（15）按下 (SET) 键，读取当前设定值，显示"*0*"（初始值）	(SET) ⇨ *0* Hz MON PU
（16）按下 (SET) 键进行设定	(SET) ⇨ *0* *P. 2* 参数与设定值闪烁 参数写入完毕
（17）重复操作第(1)～(3)步设置	
（18）旋转 M 旋钮找到 *P. 7*	⟳ ⇨ *P. 7*
（19）按下 (SET) 键，读取当前设定值，显示"*5.0*"（初始值）	(SET) ⇨ *5.0* （初始值根据容量不同而不同）
（20）旋转 M 按钮改变设定值为"*3.0*"	⟳ ⇨ *3.0*

续表二

操作方法及步骤	变频器对应的显示画面
(21) 按下 SET 键进行设定	SET ⇒ 3.0 P. 7 闪烁……参数设置完毕
(22) 重复操作第(1)～(3)步设置，然后按照第(18)～(21)步的操作方法进行 **P. 8**（减速时间）的设置	
(23) 重复操作第(1)～(2)步设置	
(24) 旋转 M 旋钮直接设定频率为 30 Hz（闪烁 5 s 左右）	⇒ 30.00 闪烁 5 s 左右
(25) 数字闪烁时按下 SET 键进行频率设定，如果不按下 SET 键，闪烁 5 s 后回到 0.00 Hz（显示值），这时请回到第(24)步重做	SET ⇒ 30.00 F 闪烁……参数设置完毕
(26) 闪烁 3 s 左右后显示 "**0.00**"（监视器显示）；按下 FWD 键或 REV 键进行正反转运行	FWD REV ⇒ 0.00 → 3 s后 30.00
(27) 按下 STOP RESET 键停止	STOP RESET ⇒ 30.00 → 0.00

(3) 用 M 旋钮作为电位器控制电动机正反转运行的操作方法及步骤如表 3.31 所示。

表 3.31　用 M 旋钮作为电位器控制电动机正反转运行的操作方法及步骤

操作方法及步骤	变频器对应的显示画面
(1) 供给电源时的监视器画面	0.00 Hz MON EXT
(2) 按下 PU EXT 键切换到 PU 运行模式	PU EXT ⇒ PU 显示亮灯 0.00 PU

续表

操作方法及步骤	变频器对应的显示画面
（3）按下 MODE 键进行参数设定	 MODE ⇨ P. 0 （显示以前读出的参数编号）
（4）旋转 M 旋钮找到 P.161	 ⟳ ⇨ P. 161
（5）按下 SET 键，读取当前设定值，显示"0"	 SET ⇨ 0 Hz MON PU
（6）旋转 M 按钮改变设定值为"1"	 ⟳ ⇨ 1
（7）按下 SET 键进行设定	 SET ⇨ 1 ⇌ P.161 参数与设定值闪烁 参数写入完毕
（8）按下 FWD 键或 REV 键运行变频器	 FWD ⇨ 0.00 Hz MON PU FWD
（9）旋转 M 旋钮调节到"50.00"（50 Hz），闪烁的频率数将成为设定值。不需要按下 SET 键	 ⟳ ⇨ 0 → 50.00 闪烁5 s左右

7. 操作提示

（1）如果"50.00"闪烁后回到"0.00"，则可能是 Pr.161 频率设定、键盘锁定操作选择的设定值不为 1。

（2）运行中或停止后都可以通过旋转 M 旋钮来进行频率设定。

8. 检查测评

对实训内容的完成情况进行检查，并将结果填入表 3.32 中。

表 3.32　评 分 标 准

项目内容	考核要求	评分标准	配分	扣分	得分
电路设计	正确设计变频器控制电路接线图	（1）电气控制原理设计功能不全，每缺一项功能扣 5 分； （2）接线表达不正确或画法不规范，每处扣 2 分	10		
安装与接线	按变频器控制接线图在模拟配线板正确安装元器件，元件在配线板上布置要合理，安装要准确紧固，配线导线要紧固、布线美观，导线要进走线槽，导线要有端子标号	（1）损坏元件扣 5 分； （2）布线不进走线槽，不美观，主电路、控制电路每根扣 1 分； （3）接点松动、露铜过长、反圈、压绝缘层，标记线号不清楚、遗漏或误标，引出端无别径压端子，每处扣 1 分； （4）损伤导线绝缘或线芯，每根扣 1 分； （5）不按变频器控制接线图接线，每处扣 5 分	20		
变频器参数设置及运行调试	熟练正确地按照被控设备的动作要求进行变频器的参数设置，并运行调试，达到控制要求	（1）参数设置不全，每处扣 5 分；参数设置错误 1 处扣 10 分，不会设置参数扣 30 分； （2）变频器操作错误，每处扣 5 分； （3）通电试车不成功扣 50 分； （4）通电试车每错 1 处扣 10 分	60		
安全文明生产	劳动保护用品穿戴整齐；电工工具佩带齐全；遵守操作规程；尊重考评员，讲文明礼貌；考试结束要清理现场	（1）考试中，违反安全文明生产考核要求的任何一项扣 2 分，扣完为止； （2）当考评员发现考生有重大事故隐患时，要立即予以制止，并停止操作，每次扣安全文明生产总分 5 分	10		
合计					
工时定额 30 min	开始时间：	结束时间：			

思 考 与 练 习 题

1. 变频器的运行模式有几种？
2. 简述变频器 PU 运行模式的含义。
3. 简述变频器连续 PU 运行模式的步骤。
4. 简述变频器点动 PU 运行模式的步骤。
5. 简述变频器外部运行模式的含义。
6. 画出变频器连续外部运行模式的控制回路接线图。
7. 画出变频器点动外部运行模式的控制回路接线图。

8. 简述变频器连续外部运行模式的步骤。

9. 简述变频器点动外部运行模式的步骤。

10. 已知变频器七段速正反转运行，其中 $f_1 = 40$ Hz，$f_2 = 28$ Hz，$f_3 = 38$ Hz，$f_4 = 15$ Hz，$f_5 = 45$ Hz，$f_6 = 10$ Hz，$f_7 = 50$ Hz。请设计出变频器控制电动机实现七段速回路接线图，设置相关参数，简述其操作步骤，并实现之。

11. 列出 Pr.79 的值为 0、1、2、3、4 时变频器的运行模式以及启动信号、频率信号的设定方式。

12. 简述变频器组合运行模式的含义。

13. 画出变频器组合运行模式 1 控制回路接线图，并简述操作步骤。

14. 画出变频器组合运行模式 2 控制回路接线图，并简述操作步骤。

15. 画出电动机七段速运行的控制回路接线图，并简述操作步骤。

16. 画出电动机十五段速运行的控制回路接线图，并简述操作步骤。

项目四　变频器常用控制电路的设计

🎯 学习目标

(1) 掌握继电器与变频器组合的电动机正反转控制方法；

(2) 掌握继电器与变频器组合的变频工频切换控制方法；

(3) 掌握 PLC 与变频器组合的多段速控制方法；

(4) 掌握 PLC 与变频器组合的自动送料系统控制方法；

(5) 掌握 PLC 模拟量与变频器的组合控制方法；

(6) 掌握 PLC 与变频器的通信方法；

(7) 了解变频器、PLC 和触摸屏之间的控制方法。

💡 能力目标

(1) 能够设计变频器常用控制电路；

(2) 能够应用变频器。

前面介绍的变频器的控制电路都是在逻辑输入端子上接按钮开关进行控制的，并且主要使用带自锁的按钮，这种按钮不能自动复位。在系统突然停电重新送电后，有的变频器会重新启动，很不安全。同时，因为变频器的控制方式简单，不易实现较复杂的自动控制线路。所以，大多数的变频调速控制线路不用按钮控制变频器，而用以下方法控制。

1. 用低压电器控制

在逻辑输入端子上接中间继电器的触点或交流接触器的触点，也可以接其他低压电器的触点。比较简单的控制电路常用这种方法。

2. 直接用 PLC 控制

把可编程逻辑控制器(Programmable Logic Controller，PLC)的输出端子直接接在变频器的逻辑输入端子上。这种方法线路简单，控制方便，但占用 PLC 较多的输出端子。当变频器数量较少，且 PLC 输出点数够用时，可以采用这种方法。

直接用 PLC 控制变频器时，PLC 的输出端子除了接变频器的输入端子，还可能接信号灯及其他电器，它们的额定电压可能各不相同。由于 PLC 的多个输出有一个公用端，因此要特别注意不能造成电源短路或者电源错接。

3. PLC 加低压电器控制

这种方法是先用 PLC 控制中间继电器或交流接触器的线圈，再用中间继电器或交流接触器的触点控制变频器。多数控制线路采用这种控制方法。

控制线路的常用设计方法有两种，一种是功能添加法，另一种是步进逻辑公式法。较简单的控制线路一般采用功能添加法进行设计。多个工作过程自动循环的复杂线路常采用步进逻辑公式法，并且用步进逻辑公式可以使 PLC 编程非常方便。

任务1 继电器与变频器组合的电动机正反转控制

任务要求：

掌握继电器与变频器组合的电动机正反转控制方法。

由前面所学知识可知，利用开关接通与断开 STR、STF 两个端子的缺点是反转前，必须先断开正转端子，正转与反转之间没有互锁环节，容易产生误动作。为了解决正反转没有互锁而容易产生误动作的问题，通常将开关改为继电器与接触器来控制变频器 STF 和 STR 两个端子的接通与断开。正反转控制电路一如图 4.1 如下所示。

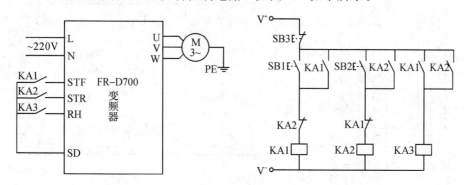

图 4.1　正反转控制电路一

正反转控制电路一的工作过程如下：按钮（即按钮开关）SB1 用于控制正转继电器 KA1，从而控制电动机的正转运行；按钮 SB2 用于控制反转继电器 KA2，从而控制电动机的反转运行；按钮 SB3 用于切断整个控制电路的电源，从而使电动机无论是在正转状态下还是反转状态下，均可停止。

在该控制电路中使用了 KA1、KA2 两个继电器的常闭触头进行互锁，可避免误操作引起的正反转同时接通。KA3 为控制速度的继电器，无论电机是正转还是反转，均需要接通 KA3，也可以不采用 KA3，而用电位器输入模拟电压来控制速度，如图 4.2 所示。

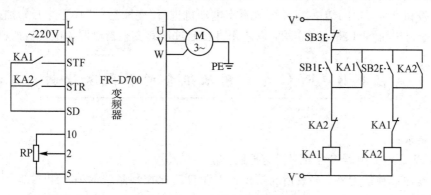

图 4.2　正反转控制电路二

任务 2 继电器与变频器组合的变频工频切换控制

任务要求：

掌握继电器与变频器组合的变频工频切换控制方法。

一台电动机变频运行时，当频率上升到 50 Hz(工频)并保持长时间运行时，应将电动机切换到工频电网供电，使变频器休息或另作他用。一台电动机运行在工频电网，现工作环境要求它进行无级变速，此时必须将该电动机由工频切换到变频状态运行。那么如何实现变频与工频之间的切换呢？由继电器与变频器组合的变频与工频的切换控制电路如图 4.3 所示。

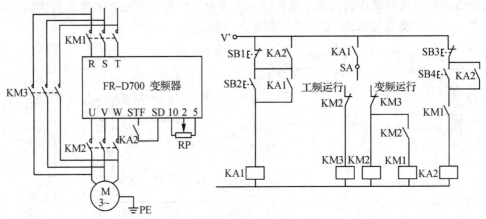

图 4.3 变频与工频的切换控制电路

运行方式由 3 位开关 SA 进行选择，其工作过程如下：

当 SA 合至"工频运行"方式时，按下启动按钮 SB2，中间继电器 KA1 动作并自锁，进而使接触器 KM3 动作，电动机进入"工频运行"状态。按下停止按钮 SB1，中间继电器 KA1 和接触器 KM3 均断电，电动机停止运行。

当 SA 合至"变频运行"方式时，按下启动按钮 SB2，中间继电器 KA1 动作并自锁，进而使接触器 KM2 动作，将电动机接至变频器的输出端。KM2 动作后，KM1 也动作，将工频电源接到变频器的输入端，并允许电动机启动。

按下按钮 SB3，中间继电器 KA2 动作，电动机进行"变频运行"状态并开始加速，KA2 动作后，停止按钮 SB1 将失去作用，以防止直接通过切断变频器电源使电动机停机。

任务 3 PLC 与变频器组合的多段速控制

任务要求：

掌握 PLC 与变频器组合的多段速控制方法。

变频器除单独使用外，多数情况是作为工业自动化控制系统的一个组成部分，只要将变频器和 PLC 配合使用就能实现变频调速的自动控制。当 PLC 和变频器连接时，可以采用开关指令信号输入、数值信号输入、RS-485 通信三种方式进行接口连接。由于 PLC 和变频器涉及用弱电控制强电，因此需要注意连接时出现的干扰，避免由于干扰造成变频器的误动作，或者由于连接不当导致 PLC 或变频器的损坏。除此之外，本项目还介绍了MCGS 嵌入式一体化触摸屏的基本功能和主要特点，通过触摸屏、PLC 和变频器的综合控制，最终实现全自动变频控制。

4.3.1 变频 PLC 控制系统的软硬件结构

1. 变频 PLC 控制系统概况

在工业自动化控制系统中，最为常见的是变频器和 PLC 的组合应用，并且产生了多种多样的 PLC 控制变频器的方法，构成了不同类型的变频 PLC 控制系统。

可编程逻辑控制器(PLC)是一种数字运算与操作的控制装置，它作为传统继电器的替代产品，广泛应用于工业控制的各个领域。由于 PLC 可以用软件来改变控制过程，并有体积小、组装灵活、编程简单、抗干扰能力强及可靠性高等特点，因此特别适合在恶劣环境下运行。由此可见，变频 PLC 控制系统在变频器相关的控制中属于最通用的一种控制系统，它通常由三部分组成，即变频器本体、PLC 部分、变频器与 PLC 的接口部分。

2. 接口部分

变频 PLC 控制系统的硬件结构中最重要的部分就是接口部分。根据不同的信号连接，其接口部分也相应改变。接口部分主要有以下几种类型。

(1) 开关指令信号输入。

变频器的输入信号中包括对运行/停止、正转/反转、微动等运行状态进行操作的开关型指令信号。变频器通常利用继电器接点或具有继电器接点开关特性的元器件(如晶体管)与 PLC 相连，得到运行状态指令。

(2) 数值信号输入。

变频器中也存在一些数值型(如频率、电压等)指令信号的输入，可分为数字输入和模拟输入两种。其中，数字输入多采用变频器操作面板上的键盘操作和串行接口来设定；模拟输入则通过接线端子由外部给定，通常通过 0~10 V(或 5 V)的电压信号或者 0(或 4)~20 mA 的电流信号输入。

3. PLC 程序设计

PLC 控制系统是以程序形式来体现其控制功能的，一般是将硬件设计和软件设计同时进行。在设计 PLC 程序时，可分为以下几个步骤：

(1) 确定被控制系统必须完成的动作及完成这些动作的顺序。

(2) 分配输入、输出设备，即确定哪些外围设备是发送信号到 PLC，哪些外围设备是接收来自 PLC 的信号，并将 PLC 的输入、输出口与之对应进行分配，编制出 PLC 输入输出分配表。

(3) 设计 PLC 梯形图，梯形图需按照正确的顺序编写，并体现出控制系统所要求的全部功能及其相互关系。

(4) 将梯形图符号编写成可用编程器键入 PLC 的指令代码。

(5) 通过编程器将上述程序指令键入 PLC，并对其进行编辑。

(6) 调试并运行程序(模拟和现场)。

（7）保存已完成的程序。

4.3.2 PLC与变频器组合的三段速控制

　　某企业承接了一项工厂生产线的 PLC 控制系统设计任务，其中一个环节要求用 PLC 配合变频器控制三相异步电动机进行调速控制，具体控制要求如下：按下启动按钮，变频器按图 4.4 所示的时序图运行，首先正转，按 1 速(20 Hz)运行 6 s，然后按 2 速(40 Hz)运行 10 s，接着按 3 速(50 Hz)运行 12 s，最后电动机减速停止(用时 2 s)。试用可编程逻辑控制器(PLC)配合变频器设计其控制系统并调试。

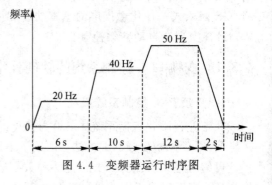

图 4.4　变频器运行时序图

1. 输入输出分配

　　分析控制要求，输入只需一个启动按钮，输出有三段速度，即变频器要用到 RH、RM、RL 三个速度端子，另外还需要一个正转信号(由 STF 端子提供)。变频器的四个端子由 PLC 的输出端子控制其通断，因此 PLC 的输出有四个，输入输出分配表如表 4.1 所示。

表 4.1　输入输出分配表

输　入			输　出		
输入继电器	输入元件	作用	输出继电器	输出元件	作用
X1	SB1	启动按钮	Y1	STF	正转端子
			Y2	RH	高速端子
			Y3	RM	中速端子
			Y4	RL	低速端子

2. 接线图

　　按照输入输出分配，PLC 与变频器组合的三段速控制接线图如图 4.5 所示。

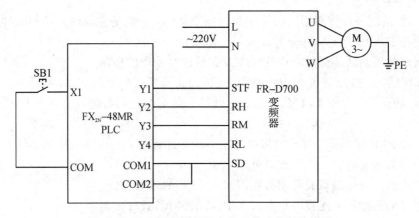

图 4.5　PLC 与变频器组合的三段速控制接线图

3. PLC 程序设计

方法一：步进顺控。

由于控制要求有相应的步骤及转换条件，因此使用步进顺控非常方便。启动后第一步，以 20 Hz 的频率正转 6 s，输出 Y1（正转）、Y2（20 Hz），并启动一个 6 s 的定时器；时间到后切换到第二步，以 40 Hz 正转 10 s，输出 Y1（正转）、Y3（40 Hz），启动一个 10 s 的定时器；时间到后切换到第三步，以 50 Hz 正转 12 s，输出 Y1（正转）、Y4（50 Hz），并启动一个 12 s 的定时器；时间到后直接回到 S0 停止。需要注意的是，时序图中的最后 2 s 的停止时间由变频器参数 Pr.8 来控制，不在程序中体现。顺序功能图如图 4.6 所示，对应的梯形图如图 4.7 所示。

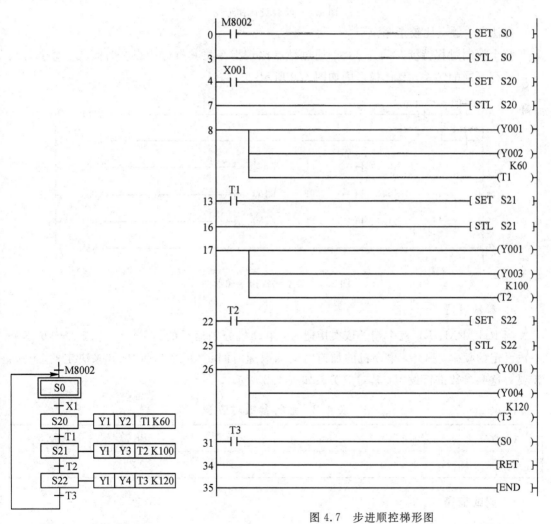

图 4.6　顺序功能图

图 4.7　步进顺控梯形图

方法二：经验设计。

由于程序比较简单，经验设计也容易实现，梯形图如图 4.8 所示。

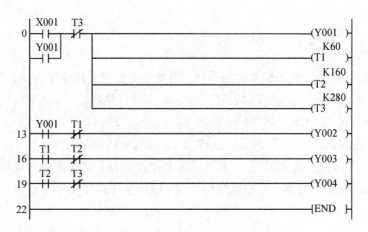

图 4.8　经验设计梯形图

方法三：触点比较指令。

整个控制过程持续时间为 28 s，通过触点比较指令将其拆分为三个时间段，每个时间段内运行不同的频率，具体梯形图如图 4.9 所示。

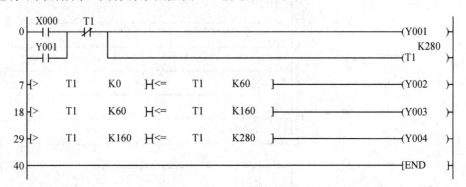

图 4.9　触点比较指令梯形图

4. 参数设置

当 RH、RM、RL 三个端子依次接通时，电动机分别运行的是 Pr. 4、Pr. 5、Pr. 6 三个参数设定的频率。另外，电动机的加速时间和减速时间是由 Pr. 7 和 Pr. 8 来决定的，因此需要对这些参数进行设置，其对应关系如表 4.2 所示。

表 4.2　运行参数对应表

运行参数	Pr. 4	Pr. 5	Pr. 6	Pr. 7	Pr. 8
设定值	20	40	50	2	2

5. 调试步骤

调试的具体步骤如下：

（1）恢复变频器出厂设置：ALLC＝1；

（2）保持 PU 灯亮（Pr. 79＝0 或 1），设置变频器参数，即 Pr. 4＝20，Pr. 5＝40，Pr. 6＝50，Pr. 7＝2，Pr. 8＝2；

（3）设置 Pr.79＝2，使变频器处于外部运行模式，此时 EXT 灯亮；

（4）按下开关 SB1，变频器按照时序图运行。

4.3.3　PLC 与变频器组合的七段速控制

通过 PLC 控制变频器外部端子，实现电动机七段调速。闭合开关 SB1，变频器以 5 Hz 的频率运行 10 s，10 s 后自动增加 5 Hz，再运行 10 s，当变频器以 35 Hz 的频率运行 10 s 后重新回到 5 Hz，以后循环（共 7 种不同的输出频率）。断开开关 SB1，电动机停转。

输入输出分配及接线图均可参照本项目 4.3.2 节的内容，不同之处是本任务用开关代替任务 1 中的按钮。

1. 程序设计

本任务涉及 7 段速，要进行程序设计，首先要清楚每个速度端子接通时运行的参数号，并对应到 PLC 的输出中，表 4.3 清楚地表示出对应关系。其中，"1"表示端子接通，PLC 对应的输出得电；"0"表示端子断开，PLC 对应的输出失电。

表 4.3　运行参数对应表

Y2	Y3	Y4	参数号	频率值/Hz	运行时间/s
RH	RM	RL			
1	0	0	Pr.4	5	0～10
0	1	0	Pr.5	10	10～20
0	0	1	Pr.6	15	20～30
0	1	1	Pr.24	20	30～40
1	0	1	Pr.25	25	40～50
1	1	0	Pr.26	30	50～60
1	1	1	Pr.27	35	60～70

根据以上分析，程序设计如下。

方法一：步进顺控。

本任务的控制问题有明确的步骤及转换条件，因此使用步进顺控非常方便，顺序功能图如图 4.10 所示，对应的梯形图请读者自行完成。

对本任务的步进顺控指令有两点需要说明：

（1）对问题中要求断开开关 SB1 电动机停止方式有两种理解：第一种是若完成当前周期动作后电动机停转，则上述顺序功能图完全可以实现；第二种是若电动机停转，则在上述顺序功能图的基础上还需要添加如图 4.11 所示的独立程序：

（2）图 4.11 中的独立程序写在步进指令外面，即 M8002 常开触点的前面或者 RET 的后面。无论程序执行到哪一步，开关断开后，马上跳到区间复位指令，切断当前活动步，使电动机立即停止。另外，还需对初始状态继电器 S0 进行复位，为下一步启动做准备。

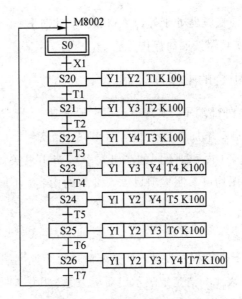

图 4.10　步进顺控顺序功能图

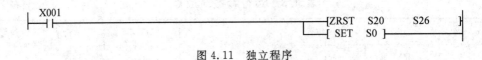

图 4.11　独立程序

由图 4.10 可以看出，S20～S26 七步中都有 Y1 输出，可采用置位和复位指令使程序变得更加简单，改造后的顺序功能图如图 4.12 所示。

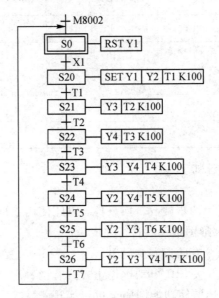

图 4.12　改造后的顺序功能图

方法二：经验设计。

在本任务中，由于三个速度端子分别有若干个时间段得电，因此在设计中一定要特别注意避免出现双线圈问题，梯形图如图 4.13 所示。

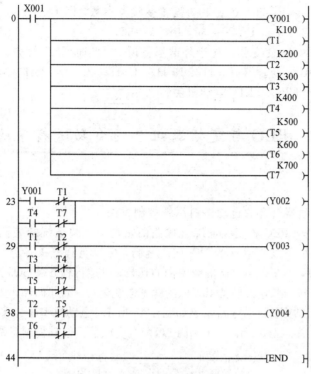

图 4.13 经验设计梯形图

方法三：触点比较指令。

触点比较指令梯形图如图 4.14 所示。

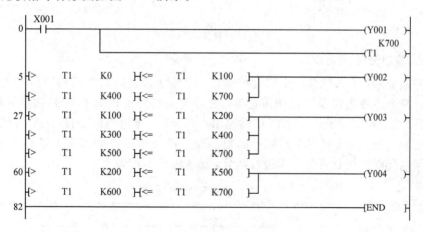

图 4.14 触点比较指令梯形图

2. 参数设置

根据表 4.3 的对应关系设置参数如下：

Pr. 4＝5，Pr. 5＝10，Pr. 6＝15，Pr. 24＝20，Pr. 25＝25，Pr. 26＝30，Pr. 27＝35。

3. 调试步骤

调试的具体步骤如下：

(1) 恢复变频器出厂设置：ALLC＝1；

（2）保持 PU 灯亮（Pr.79＝0 或 1），设置变频器参数，即 Pr.4＝5，Pr.5＝10，Pr.6＝15，Pr.24＝20，Pr.25＝25，Pr.26＝30，Pr.27＝35；

（3）设置 Pr.79＝2，使变频器处于外部运行模式，此时 EXT 灯亮；

（4）闭合开关 SB1，变频器以 5 Hz、10 Hz、15 Hz、20 Hz、25 Hz、30 Hz、35 Hz 的频率依次运行 10 s，断开开关 SB1，电动机停转。

任务4　PLC 与变频器组合的自动送料系统控制
▶▶▶▶────────────────────────────────

任务要求：

掌握 PLC 与变频器组合的自动送料系统控制方法。

某企业承接了一项 PLC 和变频器综合控制两站自动送料系统的装调任务，具体要求如下：按下启动按钮，小车以 45 Hz 的频率向左运行，碰撞行程开关 SQ1 后，停下进行装料，20 min 后，装料结束，小车以 40 Hz 的频率向右运行，碰撞行程开关 SQ2 后，停止右行，开始卸料，10 min 后，卸料结束，小车以 45 Hz 的频率向左运行，如此循环，直到按下停止按钮完成当前周期的工作后结束。自动送料系统如图 4.15 所示。电动机型号为 Y－112M－4，4 kW、380 V、△接法、8.8 A、1440 r/min。试用 PLC 配合变频器设计其控制系统并调试。

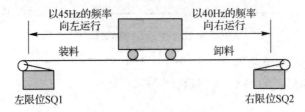

图 4.15　自动送料系统

1. 输入输出分配

分析控制要求，输入包含一个启动按钮、一个停止按钮以及两端的限位开关，输出有转料、卸料两个电磁阀以及正反两段速度，变频器要用到正转端子 STF 和反转端子 STR 及 RH、RM 两个速度端子，因此 PLC 的输出有六个。由于电磁阀要接 24 V 直流电源，其公共端接电源负极；而连接变频器端子的输出继电器公共端要接到变频器的 SD 端，因此分配输出继电器时要注意将公共端进行区分，输入输出分配如表 4.4 所示。

表 4.4　输入输出分配表

输　入			输　出		
输入继电器	输入元件	作用	输出继电器	输出元件	作用
Xl	SB1	启动按钮	Y1	YV1	装料电磁阀
X2	SB2	停止按钮	Y2	YV2	卸料电磁阀
X11	SQ1	左限位	Y4	STF	正转端子
X12	SQ2	右限位	Y5	STR	反转端子
			Y6	RH	高速端子
			Y7	RM	中速端子

2. 接线图

按照输入输出分配表，PLC 和变频器综合控制两站自动送料系统接线图如图 4.15 所示。

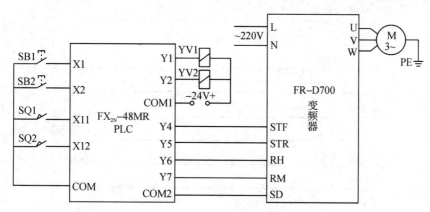

图 4.16　PLC 和变频器综合控制两站自动送料系统接线图

从图 4.16 中可以看出，Y1、Y2 分别接到装料、卸料电磁阀，其公共端 COM1 接 24 V 直流电源的负极；Y4～Y7 接变频器相应端子，其公共端 COM2 接到变频器的 SD 端。由于两组输出继电器的公共端所接端子不同，因此在分配时一定要注意区分。

3. 程序设计

方法一：步进顺控。

从上述要求可以看出，该任务有明确的步骤及转换条件，因此使用步进顺控非常方便。由于该问题是由两个按钮控制的自动往返，因此在步进之外还需要一段独立程序，如图 4.17 所示。该独立程序中 M1 控制系统的启动、停止及循环。需要注意的是，这段独立程序需要写在步进指令外面，即 M8002 常开触点的前面或者 RET 的后面，顺序功能图如图 4.18 所示。对应的梯形图请读者自行完成。

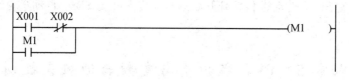

图 4.17　独立程序

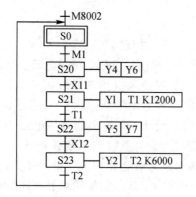

图 4.18　顺序功能图

方法二：经验设计。

经验设计梯形图如图 4.19 所示。

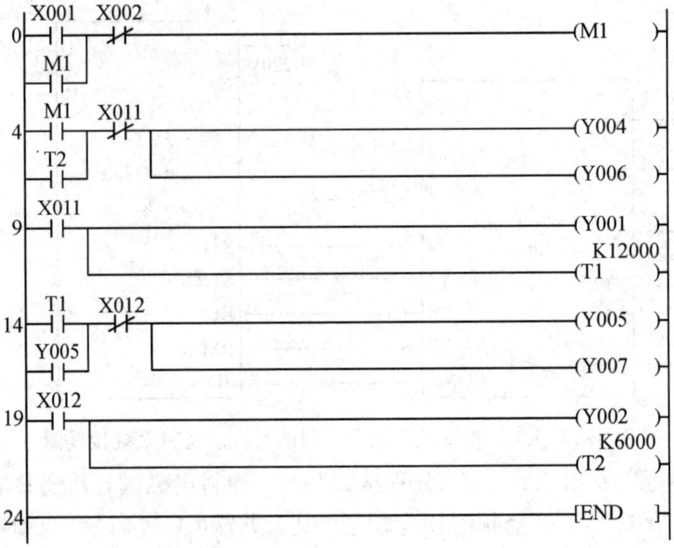

图 4.19　经验设计梯形图

4. 参数设置及调试

设置参数时需要注意，由于运料小车碰到行程开关时要立即停止，因此减速时间要设为 0。调试的具体步骤如下：

(1) 恢复变频器出厂设置：ALLC＝1；

(2) 保持 PU 灯亮(Pr.79＝0 或 1)，设置变频器参数，即 Pr.4＝45，Pr.5＝40，Pr.7＝0，Pr.8＝0；

(3) 设置 Pr.79＝2，使变频器处于外部运行模式，此时 EXT 灯亮；

(4) 按下开关 SB1，自动送料系统开始运行；按下开关 SB2，自动送料系统完成当前周期工作后停止运行。

任务 5　PLC 模拟量与变频器的组合控制

任务要求：

掌握 PLC 模拟量与变频器的组合控制方法。

PLC 中有两类常见的模拟量，即模拟电压、模拟电流。要求实现 PLC 模拟电压与变频器的组合控制，具体要求如下：某锅炉风机控制系统需要通过变频器调节风机转速，从而调节风量，控制炉膛负压。风机型号为 10 kW、380 V、△接法。标准控制电压(0～5 V)通过 PLC 模拟量输入通道，经 PLC 处理后，输出的模拟电压(0～10 V)控制变频器输出频率(0～50 Hz)，试用 PLC 配合变频器设计其控制系统并调试。

由于三菱 FX 系列 PLC 基本单元只能处理数字量，若要处理连续变化的电压或电流这类模拟量，则需要增加模拟量处理模块。常见的模拟量处理模块为模拟量输入模块 FX_{2N}-4AD 及模拟量输出模块 FX_{2N}-4DA。

1. 模拟量输入模块 FX₂ₙ-4AD

模拟量输入模块简称 A/D 模块，它将外界输入的模拟量(电压或电流)转换成数字量并保存在内部特定的缓冲存储器(BFM)中，PLC 可使用 FROM 指令从 A/D 模块中进行读取。FX₂ₙ-4AD 模块有 CH1～CH4 四个模拟量输入通道，可以同时将四路模拟量转换成数字量，并存入相应的 BFM 中。下面对 BFM 的功能进行说明。

FX₂ₙ-4AD 模块内部有 32 个 16 位 BFM，编号为 #0～#31。在这些 BFM 中，有的用来存储模拟量转换的数字量，有的用来设置通道的输入形式(电压或电流)，有的具有其他功能。FX₂ₙ-4AD 模块 BFM 的功能如表 4.5 所示。

表 4.5 FX₂ₙ-4AD 模块 BFM 的功能

BFM	功　　能							
*#0	通道初始化，默认值为 H0000							
*#1	CH1 通道	平均采样次数 1～4096，默认设置为 8						
*#2	CH2 通道							
*#3	CH3 通道							
*#4	CH4 通道							
#5	CH1 通道	平均值						
#6	CH2 通道							
#7	CH3 通道							
#8	CH4 通道							
#9	CH1 通道	当前值						
#10	CH2 通道							
#11	CH3 通道							
#12	CH4 通道							
#13～#14	保留							
#15	选择 A/D 转换速度：若设置 0，则选择正常转换速度，即 15 ms/通道(默认)；若设置 1，则选择高速转换速度，即 6 ms/通道							
#16～#19	保留							
*#20	复位到默认值，默认设定为 0							
*#21	禁止/允许调整偏移量、增益值。默认为(0, 1)，允许							
*#22	偏移量、增益值调整	B7	B6	B5	B4	B3	B2	B1	B0
		G4	O4	G3	O3	G2	O2	G1	O1
*#23	偏移量，默认值为 0							
*#24	增益值，默认值为 5000							
#25～#28	保留							
#29	错误状态							
#30	识别码 K2010							
#31	禁用							

注：表中带 * 号的 BFM 中的值可以由 PLC 使用 TO 指令写入，不带 * 号的 BFM 中的值可以由 PLC 使用 FROM 指令读取。

下面对表 4.5 中的 BFM 功能做进一步说明。

(1) ♯0 BFM：用来初始化 A/D 模块的四个通道，用来设置四个通道的模拟量输入形式，其中的 16 位二进制数据可用 4 位十六进制数 H□□□□ 来表示，每个□设置一个通道，最高位□设置 CH4 通道，最低位□设置 CH1 通道。当□为 0 时，通道设为 −10～+10 V 电压输入；当□为 1 时，通道设为 +4～+20 mA 电流输入；当□为 2 时，通道设为 −20～+20 mA 电流输入；当□为 3 时，通道关闭，输入无效。比如，当♯0 BFM 的值为 H3320 时，CH1 通道设为 −10～+10 V 电压输入；CH2 通道设为 −20～+20 mA 电流输入；CH3、CH4 通道关闭。

(2) ♯1～♯4 BFM：分别用来设置 CH1～CH4 通道的平均采样次数。比如，当♯1 BFM 中次数设为 3 时，CH1 通道需要对输入的模拟量转换 3 次，再将得到的 3 个数字量取平均值，数字量平均值存入♯5 BFM 中。♯1～♯4 BFM 中的平均采样次数越大，得到平均值的时间越长。如果输入的模拟量变化较快，则平均采样次数值可设得小一些。

(3) ♯5～♯8 BFM：分别用来存储 CH1～CH4 通道的数字量平均值。

(4) ♯9～♯12 BFM：分别用来存储 CH1～CH4 通道以当前扫描周期转换来的数字量。

(5) ♯15 BFM：用来设置所有通道的 A/D 转换速度，若♯15BFM 为 0，则所有通道的 A/D 转换速度为 15 ms/通道（正常转换速度）；若♯15BFM 为 1，则所有通道的 A/D 转换速度为 6 ms/通道（高速）。

(6) ♯20 BFM：当往♯20 BFM 中写入 1 时，所有参数恢复到出厂设置。

(7) ♯21 BFM：用来禁止/允许偏移量和增益值的调整。当♯21 BFM 的 b1 位=1，b0 位=0 时，禁止调整偏移量和增益值；当 b1 位=0，b0 位=1 时，允许调整偏移量和增益值。

(8) ♯22 BFM：使用低 8 位来指定增益值和偏移量调整的通道，低 8 位标记为 G4O4G3O3G2O2G1O1，当 G□位为 1 时，则 CH□通道的增益值可调整；当 O□位为 1 时，则 CH□通道的偏移量可调整。比如♯22 BFM=H0030，则♯22 BFM 的低 8 位 G4O4G3O3G2O2G1O1=00110000，CH3 通道的增益值和偏移量可调整，其中♯23 BFM 存放偏移量，♯24BFM 存放增益值。

(9) ♯23 BFM：用来存放偏移量，可由 PLC 使用 TO 指令写入。

(10) ♯24 BFM：用来存放增益值，可由 PLC 使用 TO 指令写入。

(11) ♯29 BFM：以位的状态来反映模块的错误信息，其各位错误定义见表 4.6。例如，♯29 BFM 的 b1 为 1，表示偏移和增益数据错误，b1 为 0 表示增益和偏移数据正常，PLC 使用 FROM 指令读取♯29 BFM 的值，进而了解 A/D 模块的操作状态。

(12) ♯30 BFM：用来存放 FX$_{2N}$-4AD 模块的 ID 号（身份标识号码）。FX$_{2N}$-4AD 模块的 ID 号为 2010，PLC 通过读取♯30 BFM 中的值来判断该模块是否为 FX$_{2N}$-4AD 模块。

表 4.6　♯29 BFM 各位错误定义

♯29 BFM 的位	名称	ON	OFF
b0	错误	b1～b4 中任何一位为 ON，所有通道的 A/D 转换停止	无错误
b1	偏移和增益数据错误	EEPROM 中的偏移和增益值不正常或者调整错误	增益和偏移数据正常

续表

♯29 BFM 的位	名称	ON	OFF
b2	电源故障	DC 24 V 电源故障	电源正常
b3	硬件错误	A/D 转换器或其他硬件故障	硬件正常
b10	数字范围错误	数字输出值小于−2048 或大于 2047	数字输出值正常
b11	平均采样次数错误	平均采样次数不小于 4097 或不大于 0（使用默认值 8）	平均采样次数设置正常（在 1～4096 之间）
b12	偏移量和增益值调整禁止	禁止♯21 BFM 的(b1, b0)设置为(1, 0)	允许♯21 BFM 的(b1, b0)设置为(1, 0)

下面通过设置和读取 FX₂ₙ - 4AD 模块的 PLC 程序来说明 FX₂ₙ - 4AD 模块的基本使用方法，如图 4.20 所示，其程序工作原理说明如下。

当 PLC 运行开始时，M8002 常开触点接通一个扫描周期，首先 FROM 指令执行，将 0 号模块♯30 BFM 中的 ID 值读入 PLC 的数据存储器 D4，然后比较指令（CMP）执行，将 D4 中的数值与数值 2010 进行比较，若两者相等，表明当前模块为 FX₂ₙ - 4AD 模块，则将辅助继电器 M1 置 1。M1 常开触点闭合，从上往下执行 TO、FROM 指令，首先第一个 TO 指令（TOP 为脉冲型 TO 指令）执行，使 PLC 往 0 号模块的♯0 BFM 中写入 H3300，将 CH1、CH2 通道设为−10～+10 V 电压输入，同时关闭 CH3、CH4 通道；然后第二个 TO 指令执行，使 PLC 往 0 号模块的♯1、♯2 BFM 中写入 4，将 CH1、CH2 通道的平均采样次数设为 4；最后 FROM 指令执行，将 0 号模块的♯29 BFM 中的操作状态值读入 PLC 的 M10～M25，若模块工作无错误，并且转换得到的数字量范围正常，则 M10 继电器为 0，M10 常闭触点闭合，M20 继电器也为 0，M20 常闭触点闭合，FROM 指令执行，将♯5、♯6 BFM 中的 CH1、CH2 通道转换来的数字量平均值读入 PLC 的 D0、D1 中。

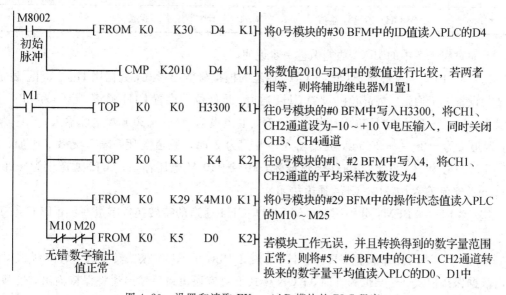

图 4.20 设置和读取 FX₂ₙ - 4AD 模块的 PLC 程序

2. 模拟量输出模块 FX$_{2N}$-4DA

模拟量输出模块简称 D/A 模块，它将模块内部特定的缓冲存储器（BFM）中的数字量转换成模拟量并输出。FX$_{2N}$-4DA 模块有 CH1～CH4 四个模拟量输出通道，可以将模块内部特定的 BFM 中的数字量（由 PLC 使用 TO 指令写入）转换成模拟量输出。FX$_{2N}$-4DA 模块内部也有 32 个 16 位 BFM，其功能见表 4.7。

表 4.7　FX$_{2N}$-4DA 模块的 BFM 功能表

BFM	功　能	BFM	功　能
*#0	输出模式选择，出厂设置为 H0000	#12	存储 CH2 通道偏移量
#1		#13	存储 CH2 通道增益值
#2	存储 CH1～CH4 通道的待转换数字量	#14	存储 CH3 通道偏移量
#3		#15	存储 CH3 通道增益值
#4		#16	存储 CH4 通道偏移量
#5	数据保持模式，出厂设置为 H0000	#17	存储 CH4 通道增益值
#6～#7	保留	#18～#19	保留
*#8	CH1、CH2 通道偏移量、增益值调整命令，出厂设置为 H0000	#20	初始化，初始值为 0
		#21	禁止/允许调整 I/O 特性，初始值为 1
*#9	CH3、CH4 通道偏移量、增益值调整命令，出厂设置为 H0000	#22～#28	保留
		#29	错误状态
#10	存储 CH1 通道偏移量	#30	K3020 识别码
#11	存储 CH1 通道增益值	#31	保留

下面对表 4.7 中的 BFM 功能做进一步说明。

（1）#0 BFM：用来设置 CH1～CH4 通道的模拟量输出形式，数据用 H□□□□ 表示，每个□设置一个通道，最高位□设置 CH4 通道，最低位□设置 CH1 通道。当□为 0 时，通道设为 -10～+10 V 电压输入；当□为 1 时，通道设为 +4～+20 mA 电流输入；当□为 2 时，通道设为 -20～+20 mA 电流输入；当□为 3 时，通道关闭，输入无效。比如，当 #0 BFM 的值为 H3320 时，CH1 通道设为 -10～+10 V 电压输入；CH2 通道设为 -20～+20 mA 电流输入；CH3、CH4 通道关闭。

（2）#1～#4 BFM：分别用来存储 CH1～CH4 通道的待转换数字量，可由 PLC 用 TO 指令写入。

（3）#5 BFM：用来设置 CH1～CH4 通道在 PLC 由 RUN 模式转变成 STOP 模式时的输出数据保持模式。当某位为 0 时，RUN 模式下对应通道最后输出值将保持输出；当某位为 1 时，对应通道最后输出值为偏移量。比如，若 #5 BFM 的值为 H0011，则 CH1、CH2

通道输出值为偏移量，CH3、CH4 通道输出值保持为 RUN 模式下的最后输出值不变。

（4）♯8 BFM：用来允许/禁止调整 CH1、CH2 通道增益值和偏移量。♯8 BFM 的数据格式为 HG202G101，当某位为 0 时，表示禁止调整；当某位为 1 时，表示允许调整。

（5）♯9 BFM：用来允许或禁止调整 CH3、CH4 通道增益值和偏移量。♯9 BFM 的数据格式为 HG404G303，当某位为 0 时，表示禁止调整；当某位为 1 时，表示允许调整。

（6）♯10～♯17 BFM：用来存储 CH1～CH4 通道的偏移量和增益值。其中♯10 BFM 和♯11BFM 分别用来存储 CH1 通道的偏移量和增益值；♯12 BFM 和♯13 BFM 分别用来存储 CH2 通道的偏移量和增益值；♯14 BFM 和♯15 BFM 分别用来存储 CH3 通道的偏移量和增益值；♯16 BFM 和♯17 BFM 分别用来存储 CH4 通道的偏移量和增益值。

（7）♯20 BFM：用来初始化所有 BFM。当♯20 BFM 为 1 时，所有 BFM 中的值都恢复到出厂设置。当设置出现错误时，常将♯20 BFM 设为 1 来恢复到初始状态。

（8）♯21 BFM：用来允许/禁止 I/O 特性（增益值和偏移量）调整。当♯21 BFM 为 1 时，允许增益值和偏移量调整；当♯21 BFM 为 2 时，禁止增益值和偏移量调整。

（9）♯29 BFM：以位的状态来反映模块的错误信息，其各位错误定义见表 4.8。

（10）♯30 BFM：存放 FX$_{2N}$-4DA 模块的 ID 号（身份标识号码）。FX$_{2N}$-4DA 模块的 ID 号为 3020，PLC 通过读取♯30BFM 中的值来判断该模块是否为 FX$_{2N}$-4DA 模块。

表 4.8　♯29 BFM 各位错误定义

♯29BFM 的位	名　称	ON	OFF
b0	错误	b1～b4 中任何一位为 ON	无错误
b1	偏移和增益数据错误	EEPROM 中的偏移和增益数据不正常或者调整错误	偏移和增益数据正常
b2	电源故障	DC 24V 电源故障	电源正常
b3	硬件错误	D/A 转换器故障或者其他硬件故障	没有硬件缺陷
b10	范围错误	数字输入或模拟输出值超出指定范围	输入或输出值在规定范围内
b12	偏移量和增益值调整禁止	♯21 BFM 没有设为"1"	可调整状态（♯21 BFM=1）

注：b4～b9、b11、b13～b15 未定义

下面通过设置和读取 FX$_{2N}$-4DA 模块的 PLC 程序来说明 FX$_{2N}$-4DA 模块的基本使用方法，如图 4.21 所示。其程序工作原理说明如下。

当 PLC 运行开始时，M8002 常开触点接通一个扫描周期，首先 FROM 指令执行，将 1 号模块的♯30 BFM 中的 ID 值读入 PLC 的数据存储器 D0，接着比较指令（CMP）执行，将 D0 中的数值与数值 3020 进行比较，若两者相等，表明当前模块为 FX$_{2N}$-4DA 模块，则将辅助继电器 M1 置 1。M1 常开触点闭合，从上往下执行 TO、FROM 指令，首先第一个 TO

指令（TOP 为脉冲型 TO 指令）执行，使 PLC 往 1 号模块的 ♯0 BFM 中写入 H2100，将 CH1、CH2 通道设为 −10～+10 V 电压输出，将 CH3 通道设为 4～+20 mA 电流输出，将 CH4 通道设为 0～+20 mA 电流输出；然后第二个 TO 指令执行，将 PLC 的 D1～D4 中的数据分别写入 1 号模块的 ♯1～♯4BFM 中，使模块将这些数据转换成模拟量输出；最后 FROM 指令执行，将 1 号模块的 ♯29 BFM 中的操作状态值读入 PLC 的 M10～M25，若模块工作无错误，并且转换得到的数字量范围正常，则 M10 继电器为 0，M10 常闭触点闭合，M20 继电器也为 0，M20 常闭触点闭合，M3 线圈得电。

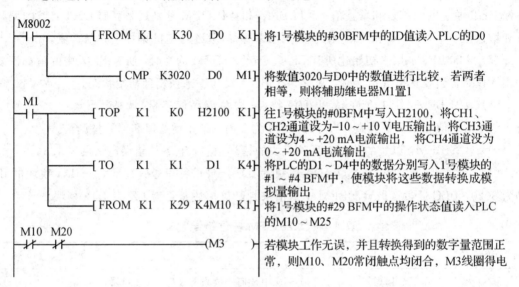

图 4.21　设置和读取 FX_{2N}-4DA 模块的 PLC 程序

　　根据要求可知，输入为电压模拟量，首先需要经过 FX_{2N}-4AD 模块将模拟量转换为数字量，经 PLC 处理后，然后需要经过 FX_{2N}-4DA 模块将数字量转变成模拟量，并送往变频器模拟电压输入端子 2、5。PLC 的输出继电器 Y1 连接到变频器的正转端子 STF 作为启动信号。PLC 模拟量与变频器组合控制接线图如图 4.22 所示。

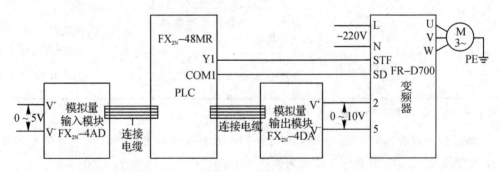

图 4.22　PLC 模拟量与变频器组合控制接线图

　　PLC 模拟量与变频器组合控制梯形图如图 4.23 所示。

　　设置变频器参数时要注意：由于经 PLC 处理后的模拟电压为 0～10 V，此时需设置 Pr.73＝0，将 2 号端子允许输入的电压值范围设为 0～10 V（默认 Pr.73＝1，电压范围 0～5 V）。

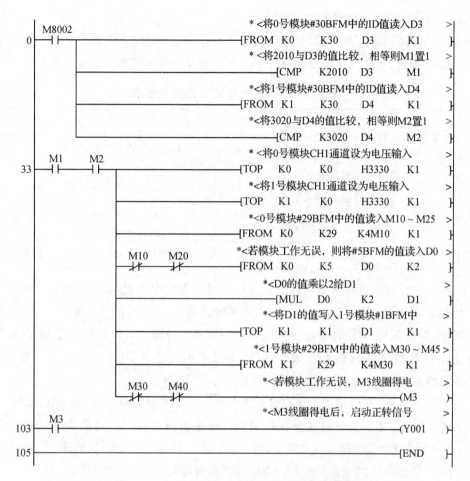

图 4.23　PLC 模拟量与变频器组合控制梯形图

任务 6　PLC 与 变 频 器 遥 控 功 能 的 组 合 控 制

▶▶▶

任务要求：

掌握 PLC 与变频器遥控功能的组合控制方法。

某控制系统的电动机由变频器控制，而变频器由 PLC 控制其启动、加速、反转等，总体控制要求是 PLC 根据输入端的控制信号，经过程序运算后由通信端口控制变频器运行，具体控制要求如下：

（1）打开启动开关，变频器开始运行；

（2）打开加速开关，变频器加速运行；

（3）打开减速开关，变频器减速运行；

（4）打开反转开关，变频器反转运行；

（5）打开停止开关，变频器停止运行；

（6）打开急停开关，变频器紧急停止；

（7）打开归零开关，变频器频率归零。

对于三菱 FR - D700 变频器，可以通过对"遥控设定功能选择"参数 Pr.59 的设定，使其输入端具有加速、减速及归零的功能。Pr.59 的意义及设定范围如表 4.9 所示。

表 4.9　Pr.59 的意义及设定范围表

参数	初始值	设定值	功　能	
			RH、RM、RL 信号功能	频率设定值记忆功能
Pr.59	0	0	多段速设定	—
		1	遥控设定	有
		2	遥控设定	无
		3	遥控设定	无（用 STF/STR OFF 来清除遥控设定频率）

Pr.59 可选择有无遥控设定功能及遥控设定时有无频率设定值记忆功能。当 Pr.59＝0 时，无遥控设定功能，端子 RH、RM、RL 为多段速端子；当 Pr.59＝1 或 2 时，有遥控设定功能，端子 RH、RM、RL 的功能分别为加速、减速、清除。如果此时接通端子 STF，则 RH 接通使频率上升；RH 断开使频率保持；RM 接通使频率下降；RM 断开使频率保持；RL 接通使频率清除。若断开端子 STF，则变频器停止运行。

当 Pr.59＝1 时，有频率设定值记忆功能，可以把遥控设定频率（即由 RH、RM 设定的频率）存储在存储器里。一旦切断电源再通电，则输出频率以此设定值重新开始运行。当 Pr.59＝2 时，无频率设定值记忆功能。频率可通过 RH（加速）和 RM（减速）在 0 到频率上限之间改变。当选择遥控设定功能时，变频器采用外部运行模式，即 Pr.79＝2。

利用外接加、减速端子对变频器进行频率设定时有以下优点：利用加、减速端子设定属于数字量给定，控制精度较高；采用按钮开关来调节频率，操作简单，且不易损坏；由于是开关量控制，故不受线路电压降的影响，抗干扰性能好。因此，在变频器进行外接设定时，尽量少用电位器，而采用加、减速端子进行频率设定为好。

下面以水泵的恒压控制为例来说明加、减速端子的使用方法。

首先，设定 Pr.59＝1 或 2，将变频器输入控制端中的端子 RH 预置为加速端子，端子 RM 预置为减速端子。将压力传感器的上限触点接到减速端子 RM，当压力由于用水流量较小而升高并超过上限值时，上限触点使 RM 接通，变频器的输出频率下降，水泵的转速和流量也随之下降，从而使压力下降；当压力低于上限值时，RM 断开，变频器的输出频率停止下降，压力表的下限触点接到 RH；当压力由于用水流量较大而降低并低于下限值时，下限触点使 RH 接通，变频器的输出频率上升，水泵的转速和流量也随之上升，从而使压力升高；当压力高于下限值时，RH 断开，变频器的输出频率停止上升。通常情况下，供水系统中只要上、下限触点的位置安排适当，上述控制系统是能够满足要求的。

1. 输入输出分配

分析控制要求可知，输入包括启动开关、加速开关、减速开关、反转开关、停止开关、急停开关、归零开关共 7 个开关。另外由 Pr.59 的遥控设定功能可知,输出包括正转端子 (STF)、反转端子(STR)、加速端子(RH)、减速端子(RM)及清除端子(RL)5 个信号,输入输出分配表见表 4.10。

表 4.10 输入输出分配表

输入			输出		
输入继电器	输入元件	作用	输出继电器	输出元件	作用
X1	S1	启动开关	Y1	STF	正转端子
X2	S2	加速开关	Y2	STR	反转端子
X3	S3	减速开关	Y3	RH	加速端子
X4	S4	反转开关	Y4	RM	减速端子
X5	S5	停止开关	Y5	RL	清除端子
X6	S6	急停开关			
X7	S7	归零开关			

2. 接线图

根据表 4.10 所示的输入输出分配表,PLC 与变频器遥控功能的组合控制接线图如图 4.24 所示。

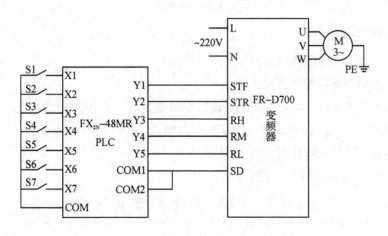

图 4.24 PLC 与变频器遥控功能的组合控制接线图

3. 程序设计

梯形图如图 4.25 所示,其中 0~7 步为正转启动,并实现了停止和急停功能。停止和急停功能的区别在于,急停功能在停止后,如果将急停开关还原,则可重新启动。图中 X005(X5) 为停止开关,X006(X6)为急停开关,如果闭合 X5,则 M1 线圈失电导致 Y001(Y1)线圈失电,重新断开 X5,M1 将不再得电,从而 Y1 也不得电,此为停止功能;如果闭合 X6,则 M1 线圈失电，而只有 Y1 线圈失电，重新断开 X6 后，由于 M1 线圈一直得电，故 Y1 线圈可继续得电，此为急停功能。反转及其停止与急停功能也可如此实现，如图 4.25 中 7～10 步。

在 14 步中，闭合 X002(X2)，Y003(Y3) 线圈得电，RH 接通，根据 Pr.59 遥控设定功能可实现变频器加速运行；在 16～18 步中，闭合 X003(X3)，Y004(Y4) 线圈得电，RM 接通，可实现变频器减速运行；在 18～20 步中，闭合 X007(X7)，Y005(Y5) 线圈得电，RL 接通，可实现变频器频率归零。

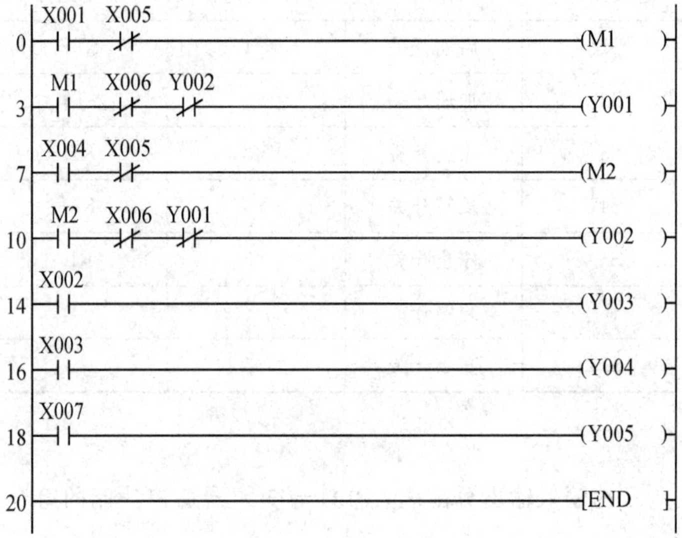

图 4.25　梯形图

4. 参数设置及调试

参数设置及调试的步骤如下：

(1) 恢复变频器出厂设置：ALLC＝1；

(2) 保持 PU 灯亮(Pr.79＝0 或 1)，设置变频器参数，即 Pr.59＝1 或 2；

(3) 设置 Pr.79＝2，使变频器处于外部运行模式，此时 EXT 灯亮；

(4) 拨动开关，变频器按照要求运行。

任务7　PLC 与变频器的通信
▶▶▶

任务要求：

掌握 PLC 与变频器的通信方法。

某控制系统的电动机由变频器控制，而变频器由 PLC 以 RS-485 通信方式控制。当操作 PLC 输入端的正转、反转、手动加速、手动减速或停止按钮时，PLC 内部的相关程序段执行，通过 RS-485 通信方式将对应指令代码和数据发送给变频器，控制变频器的正转、反转、加速、减速或停止。

　　当 PLC 以开关量方式控制变频器时，需要占用较多的输出端子去连接变频器相应功能的输入端子，才能对变频器进行正转、反转和停止等控制；当 PLC 以模拟量方式控制变频器时，需要使用 D/A 模块才能对变频器进行频率调速控制。如果 PLC 以 RS‑485 通信方式控制变频器，则只需要一根 RS‑485 通信电缆将控制和调频命令送给变频器，变频器根据通信电缆送来的控制和调频命令即可执行相应的功能控制。RS‑485 通信方式是目前工业控制中广泛采用的一种通信方式，具有较强的抗干扰能力，其通信距离可达几十米至上千米，这种通信方式最多可并联 32 台设备，这些设备构成分布式系统，并进行相互通信。

4.7.1　变频器和 PLC 的 RS‑485 通信口

1. 变频器的 RS‑485 通信口

　　三菱 FR‑700 系列变频器单独配备了一个 RS‑485 通信口，专用于 RS‑485 通信，其外形及各引脚功能说明如图 4.26 所示。通信口的每个功能端子都有两个，一个接上一台 RS‑485 通信设备，另一个接下一台 RS‑485 通信设备。若无下一台设备，则应将终端电阻开关拨到"100Ω"侧。

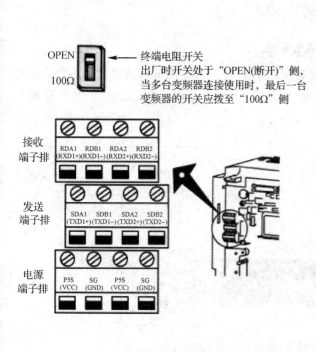

名称	功　能
RDA1 （RXD1＋）	变频器接收＋
RDB1 （RXD1－）	变频器接收－
RDA2 （RXD2＋）	变频器接收＋ （分支用）
RDB2 （RXD2－）	变频器接收－ （分支用）
SDA1 （TXD1＋）	变频器发送＋
SDB1 （TXD1－）	变频器发送－
SDA2 （TXD2＋）	变频器发送＋ （分支用）
SDB2 （TXD2－）	变频器发送－ （分支用）
P5S （VCC）	5V 允许负载电流 100 mA
SG （GND）	接地 （和 SD 端子导通）

图 4.26　三菱 FR‑700 系列变频器的 RS‑485 通信口外形及各引脚功能说明

2. PLC 的 RS-485 通信口

三菱 FX-700 的 PLC 一般不带 RS-485 通信口，如果要与变频器进行 RS-485 通信，则需给 PLC 安装 FX$_{2N}$-485-BD 通信板，其外形如图 4.27(a)所示，安装方法如图 4.27(b)所示。

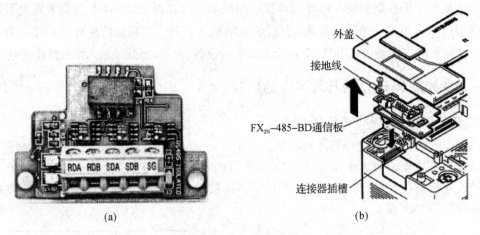

图 4.27 FX$_{2N}$-485-BD 通信板的外形与安装方法

(a) 外形；(b) 安装方法

4.7.2 变频器和 PLC 的 RS-485 通信连接

1. 单台变频器与 PLC 的 RS-485 通信连接

单台变频器与 PLC 的 RS-485 通信连接如图 4.28 所示。当两者连接时，一台设备的发送端子(＋/－)应分别与另一台设备的接收端子(＋/－)连接，接收端子(＋/－)分别与另一台设备的发送端子(＋/－)连接。

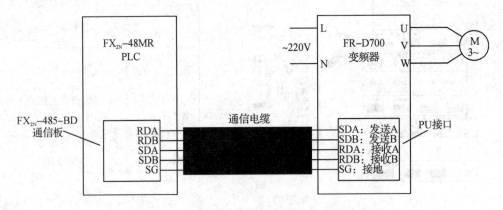

图 4.28 单台变频器与 PLC 的 RS-485 通信连接图

2. 多台变频器与 PLC 的 RS-485 通信连接

多台变频器与 PLC 的 RS-485 通信连接如图 4.29 所示。该连接方式可以实现一台 PLC 控制多台变频器的运行。

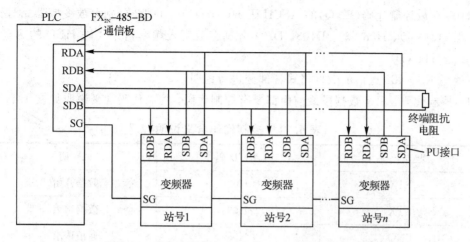

图 4.29 多台变频器与 PLC 的 RS-485 通信连接图

4.7.3 PLC 与变频器的 RS-485 通信基础知识

1. RS-485 通信的数据格式

当 PLC 与变频器进行 RS-485 通信时，PLC 可以向变频器写入（发送）数据，也可以读出（接收）变频器的数据，包括写入运行指令（如正转、反转、停止等）、写入运行频率、写入参数、读出参数、监视变频器的运行参数、将变频器复位等。

当 PLC 写入或读出数据时，数据传送是一段一段的，每段数据必须符合特定的数据格式，否则将无法识别数据段。PLC 与变频器的 RS-485 通信数据格式主要有 A、A′、B、C、D、E、E′、F 共 8 种格式。

1) PLC 向变频器发送数据时采用的数据格式

PLC 向变频器发送数据时采用的数据格式包括 A、A′、B 三种，如图 4.30 所示。如 PLC 向变频器写入运行频率时采用格式 A，则写入正转命令时采用格式 A′，查看变频器运行参数时采用格式 B。

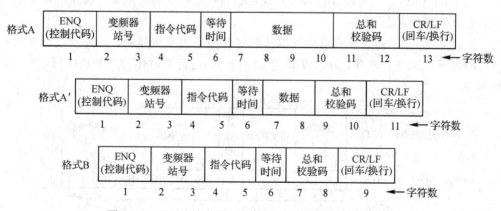

图 4.30 PLC 向变频器写入数据时采用的三种数据格式

在编写通信程序时，数据格式中的各部分内容都要使用 ASCII 码来表示。例如，PLC 以数据格式 A 往 13 号变频器中写入频率，在编程时将要发送的数据存放在 D100～D112，其中 D100 存放控制代码（ENQ）的 ASCII 码 H05，D101、D102 分别存放变频器站号 13 的 ASCII 码 H31（1）、H33（3），D103、D104 分别存放写入频率指令代码 HED 的 ASCII 码 H45（E）、H44（D）。

下面对 RS-485 通信的数据格式各部分进行说明。

（1）控制代码：每个数据段最前面都要有控制代码，控制代码含义说明见表 4.11。

表 4.11 控制代码含义说明

控制代码	ASCII 码	说　明
STX	H02	数据开始
ETX	H03	数据结束
ENQ	H05	通信请求
ACK	H06	无数据错误
LF	H0A	换行
CR	H0D	回车
NAK	H15	有数据错误

（2）变频器站号：用于指定与 PLC 通信的变频器站号，数值可为 0~31，并且要与变频器设定的站号一致。

（3）指令代码：由 PLC 给变频器发送用来指示变频器进行何种操作的指令代码。例如，读出变频器输出频率的指令代码为 H6F。

（4）等待时间：指定 PLC 发送完数据后到变频器开始返回数据之间的时间间隔，单位为 10 ms，可设范围为 0~15，即 0~150 ms。如果变频器用 Pr.123 设定了等待时间，则通信数据中不用再指定等待时间，可以节省一个字符。如果要在通信数据中使用等待时间，则应将 Pr.123 设为 9999。

（5）数据：PLC 写入变频器的运行和设定数据，如频率和参数等，数据的定义和设定范围由指令代码确定。

（6）总和校验码：用来校验本段数据传送过程中是否发生错误。将控制代码与总和校验码之间各项 ASCII 码求和，取和数据（十六进制数）的低 2 位作为总和校验码，举例如图 4.31 所示。

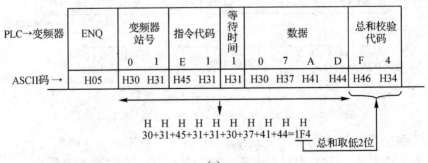

(a)

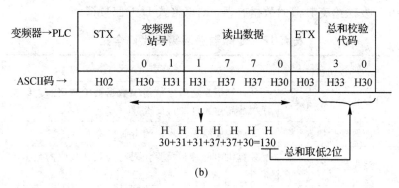

图 4.31 总和校验码求取举例

(a) 例一；(b) 例二

(7) CR/LF(回车/换行)：当变频器的参数 Pr.124 设为 0 时，不用 CR/LF，可以节省一个字符。

2) 变频器向 PLC 发送数据(返回数据)时采用的数据格式

变频器接收到 PLC 发送过来的数据，一段时间后会返回数据给 PLC。变频器向 PLC 返回数据采用的格式包括 C、D、E、E′，如图 4.32 所示。

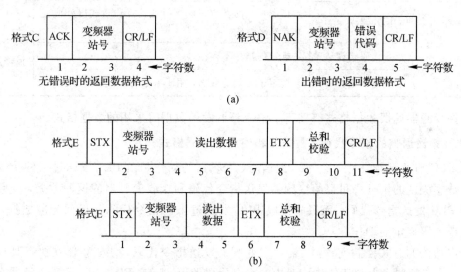

图 4.32 变频器向 PLC 发送数据(返回数据)时采用的数据格式

(a) PLC 发送的指令是写入数据时变频器返回数据采用的数据格式；

(b) PLC 发送的指令是读出数据时变频器返回数据采用的数据格式

如果 PLC 发送的指令是写入数据(控制变频器正反转、运行频率等)，则变频器以格式 C 或格式 D 返回数据到 PLC。若变频器发现 PLC 发送过来的数据无误，则会以格式 C 返回数据；若变频器发现 PLC 发送过来的数据有误，则会以格式 D 返回数据。格式 D 数据中包含错误代码，用来告诉 PLC 出现何种错误，错误代码含义见表 4.12。

如果 PLC 发送的指令是读出数据(读取变频器的输出频率、电压等)，则变频器以格式 E 和 E′返回数据到 PLC，这两种数据格式中都包含 PLC 要从变频器读出的数据。通常情况下，变频器采用格式 F 返回数据，只有当 PLC 发送个别指令代码时变频器才以格式 E′返回数据。如果 PLC 发送给变频器的数据有误，则以格式 D 返回数据。

表 4.12　变频器返回错误代码含义

错误代码	项　目	定　义	变频器动作
H0	计算机 NAK 错误	从计算机发送的通信请求数据被检测到的连续错误次数超过允许的再试次数	如果连续错误发生次数超过允许再试次数，则产生 E. PUE 报警并且停止
H1	奇偶校验错误	奇偶校验结果与规定的奇偶校验不相符	
H2	总和校验错误	计算机中的总和校验代码与变频器接收的数据不相符	
H3	协议错误	变频器以错误的协议接收数据，在提供的时间内数据接收没有完成或 CR/LF 在参数中没有设定使用	
H4	格式错误	停止位长不符合规定	
H5	溢出错误	变频器完成前面的数据接收之前，从计算机又发送了新数据	
H7	字符错误	接收字符无效，即在 0～9、A～F 的控制代码以外	不能接收数据但不会带来报警停止
HA	模式错误	试图写入的参数在计算机通信操作模式以外或变频器在运行中	
HB	指令代码错误	规定的指令不存在	
HC	数据范围错误	规定了无效的数据，用于参数写入、频率设定等	

掌握变频器返回数据格式有助于了解变频器发送数据时采用的数据格式。

2. 变频器通信的指令代码、数据位和使用的数据格式

当 PLC 与变频器进行 RS-485 通信时，变频器的动作是由 PLC 发送过来的指令代码和有关数据决定的。PLC 可以给变频器发送指令代码和接收变频器的返回数据，变频器却不能向 PLC 发送指令代码，而只能接收 PLC 发送过来的指令代码并返回相应数据，同时执行指令代码规定的动作。

要以通信的方式控制变频器，需要向变频器发送指令代码，使变频器在执行某种动作时，只要给变频器发送与读操作相对应的指令代码即可。三菱 FR-700 系列变频器在通信时可使用的代码、数据位和数据格式见表 4.13。

表 4.13　三菱 FR-700 系列变频器在通信时可使用的代码、数据位和数据格式

编号	项　目		指令代码	数据位说明	数据格式
1	操作模式	读出	H7B	H0000：通信选项运行 H0001：外部操作 H0002：通信操作（PU 接口）	B, E/D
		写入	HFB	H0000：通信选项运行 H0001：外部操作 H0002：通信操作（PU 接口）	A, C/D

续表一

编号	项目		指令代码	数据位说明						数据格式
		输出频率	H6F	H0000～HFFF：输出频率（十六进制）最小单位0.01 Hz						B，E/D
		输出电流	H70	H0000～HFFF：输出电流（十六进制）最小单位0.1A						B，E/D
		输出电压	H71	H0000～HFFF：输出电压（十六进制）最小单位0.1V						B，E/D
		特殊监视	H72	H0000～HFFF：用指令代码HF3选择监视数据						B，E/D
2	监视	特殊监视选择号	读出 H73	H01～HOE 监视数据选择						B，E'/D
				数据	说明	最小单位	数据	说明	最小单位	
				H01	输出频率	0.01 Hz	H09	再生制动	0.1％	
				H02	输出电流	0.01A	H0A	过电流保护负载率	0.1％	
			写入 HF3	H03	输出电压	0.1 V	H0B	电流峰值	0.01 A	A'，C/D
				H05	设定频率	0.01 Hz	H0C	电压峰值	0.1 V	
				H06	运行速度	1 r/min	H0D	输入功率	0.01 kW	
				H07	转矩	0.1％	H0E	输出功率	0.01 kW	

报警定义 H74～H77

H0000～HFFF：最近的再次报警记录

读出数据：例如 H30A0

前一次报警：THT

最近一次报警：OPT

b$_{15}$ b$_8$ b$_7$ b$_0$

| 0 | 0 | 1 | 1 | 0 | 0 | 0 | 0 | 1 | 0 | 1 | 0 | 0 | 0 | 0 | 0 |

前一次报警 最近一次报警
(H30) (HA0)

报警代码

代码	说明	代码	说明	代码	说明
H00	没有报警	H51	UVT	HB1	PUE
H10	OC1	H60	OLT	HB2	RET
H11	OC2	H70	BE	HC1	CTE
H12	OC3	H80	GF	HC2	P24
H20	OV1	H81	LF	HD5	MB1
H21	OV2	H90	OHT	HD6	MB2
H22	OV3	HA0	OPT	HD7	MB3
H30	THT	HA1	OP1	HD8	MB4
H31	THM	HA2	OP2	HD9	MB5
H40	FIN	HA3	OP3	HDA	MB6
H50	IPF	HB0	PE	HDB	MB7

报警定义数据格式：B，E/D

续表二

编号	项 目	指令代码	数 据 位 说 明	数据格式
3	运行指令	HFA	b_7 b_6 b_5 b_4 b_3 b_2 b_1 b_0 b_0：电流输入选择（AU） b_1：正转（STF） b_2：反转（STR） b_3：低速（RL） b_4：中速（RM） b_5：高速（RH） b_6：第 2 功能选择（RT） b_7：输出停止（MRS）	A′,C/D
4	变频器状态监视	H7A	b_7 b_6 b_5 b_4 b_3 b_2 b_1 b_0 b_0：变频器正在运行（RUN） b_1：正转（STF） b_2：反转（STR） b_3：频率达到（SU） b_4：过载（OL） b_5：瞬时停电（IPF） b_6：频率检测（FU） b_7：发生报警	B,E/D
5	设定频率读出（E^{2}PROM）	H6E	读出设定频率 E^{2}PROM 或 RAM H0000～H2EE0：最小单位 0.01 Hz（十六进）	B, E/D
	设定频率读出（RAM）	H6D		
	设定频率写入（E^{2}PROM）	HEE	H0000～H9C40：最小单位 0.01 Hz（十六进制） （0～400.00 Hz） 当频繁改变运行频率时，请写入变频器的 RAM	A, C/D
	设定频率写入（RAM）	HED		
6	变频器复位	HFD	H9696：复位变频器，当变频器在通信开始由计算机复位时，变频器不能发送应答数据给计算机	A, C/D
7	报警全部清除	HF4	H9696：报警履历的全部清除	A, C/D
8	参数全部清除	HFC	所有参数返回出厂设定值 根据设定的数据不同有四种清除操作的方式： 当执行 H9696 或 H9966 时，所有参数被清除，与通信相关的参数设定值也返回出厂设定值。当重新操作时，需要设定参数	A, C/D

第8行 HFC 中的清除方式表：

数据	通信 Pr.	校准	其他 Pr.	HEC HE3 HFF
H9696	○	×	○	○
H9966	○	○	○	○
H5A5A	×	×	○	○
H55AA	×	○	○	○

续表三

编号	项目		指令代码	数据位说明				数据格式
9	用户清除		HFG	H9669：进行用户清除				A,C/D
				通信 Pr.	校准	其他 Pr.	HEC HF3 HFF	
				○	×	○	○	
10	参数写入		H80～HE3	参考数据表写入和（或）读出要求的参数，注意有些参数不能进入				A,C/D
11	参数读出		H00～H63					B,E/D
12	网络参数其他设定	读出	H7F	H00～H6C 和 H80～HEC 参数值可以改变 H00：Pr.0～Pr.96 值可以进入； H01：Pr.100～Pr.158，Pr.200～Pr.231，Pr.900～Pr.905 值可以进入；				B,E'/D
		写入	HFF	H02：Pr.160～Pr.199，Pr.232～Pr.287 值可以进入； H03：可读出，写入 Pr.300～Pr.342 的内容； H00：Pr.990 值可以进入				A',C/D
13	第二参数更改	读出	H6C	设定编程运行（数据代码 H3D～H5A，HBD～HDA）的参数情况，H00——运行频率；H01——时间；H02——回转方向。				B, E'/D
		写入	HEC	设定偏差、增益（数据代码 H5E～H6A，HDE～HED）的参数情况，H00——补偿/增益；H01——模拟；H02——端子的模拟值				A', C/D

3. 问题解决过程

1）输入输出分配

根据控制要求，输入输出分配见表 4.14。

表 4.14 输入输出分配表

输 入			输 出		
输入继电器	输入元件	作用	输出继电器	输出元件	作用
X0	SB1	正转启动按钮	Y1	HL1	正转指示灯
X1	SB2	反转启动按钮	Y2	HL2	反转指示灯
X2	SB3	停止按钮	Y3	HL3	停止指示灯
X3	SB4	手动加速按钮			
X4	SB5	手动减速按钮			

2）接线图

根据表 4.14 所示的输入输出分配表及 FX$_{2N}$-485-BD 通信板的使用规则，RS-485 通信接线图如图 4.33 所示。

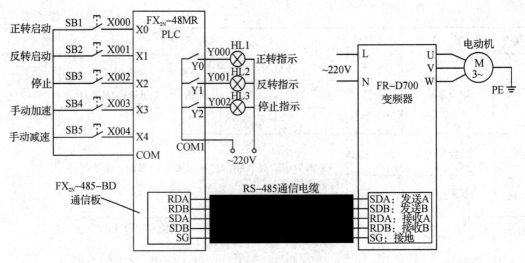

图 4.33　RS-485 通信接线图

3）程序设计

当 PLC 以通信方式控制变频器时，要给变频器发送指令代码，从而控制变频器执行相应的动作。PLC 以 RS-485 通信方式控制变频器的正反转、加减速及停止的梯形图如图 4.34 所示。

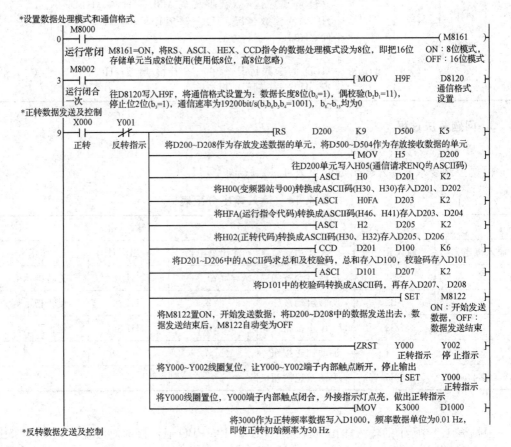

73 X001 反转 ─┤├─ Y001 正转指示 ─┤/├─ ──────[RS D200 K9 D500 K5]
将D200~D208作为存放发送数据的单元,将D500~D504作为存放接收数据的单元

──────[MOV H5 D200]
往D200单元写入H05(通信请求ENQ的ASCII码)

──────[ASCI H0 D201 K2]
将H00(变频器站号00)转换成ASCII码(H30、H30)存入D201、D202

──────[ASCI H0FA D203 K2]
将HFA(运行指令代码)转换成ASCII码(H46、H41)存入D203、D204

──────[ASCI H4 D205 K2]
将H04(反转代码)转换成ASCII码(H30、H34)存入D205、D206

──────[CCD D201 D100 K6]
将D201~D206中的ASCII码求总和及校验码,总和存入D100,校验码存入D101

──────[ASCI D101 D207 K2]
将D101中的校验码转换成ASCII码,再存入D207、D208

──────[SET M8122]
ON:开始发送数据,OFF:数据发送结束
将M8122置ON,开始发送数据,将D200~D208中的数据发送出去,数据发送结束后,M8122自动变为OFF

──────[ZRST Y000 Y002]
正转指示 停止指示
将Y000~Y002线圈复位,让Y000~Y002端子内部触点断开,停止输出

──────[SET Y001]
反转指示
将Y001线圈置位,Y001端子内部触点闭合,外接指示灯点亮,做出反转指示

──────[MOV K2500 D1000]
将2500作为反转频率数据写入D1000,频率数据单位为0.01 Hz,即使反转初始频率为25 Hz

*停转数据发送及控制

137 X002 停转 ─┤├─ ──────[RS D200 K9 D500 K5]
将D200~D208作为存放发送数据的单元,将D500~D504作为存放接收数据的单元

──────[MOV H5 D200]
向D200单元写入H05(通信请求ENQ的ASCII码)

──────[ASCI H0 D201 K2]
将H00(变频器站号00)转换成ASCII码(H30、H30)存入D201、D202

──────[ASCI H0FA D203 K2]
将HFA(运行指令代码)转换成ASCII码(H46. H41)存入D203、D204

──────[ASCI H0 D205 K2]
将H00(停转代码)转换成ASCII码(H30、H30)存入D205、D206

──────[CCD D201 D100 K6]
将D201~D206中的ASCII码求总和及校验码,总和存入D100,校验码存入D101

──────[ASCI D101 D207 K2]
将D101中的校验码转换成ASCII码,再存入D207、D208

──────[SET M8122]
ON:开始发送数据,OFF:数据发送结束
将M8122置ON,开始发送数据,将D200~D208中的数据发送出去,数据发送结束后,M8122自动变为OFF

──────[ZRST Y000 Y002]
正转指示 停止指示
将Y000~Y002线圈复位,让Y000~Y002端子内部触点断开,停止输出

──────[SET Y002]
停止指示
将Y002线圈置位,Y002端子内部触点闭合,外接指示灯点亮,做出停转指示

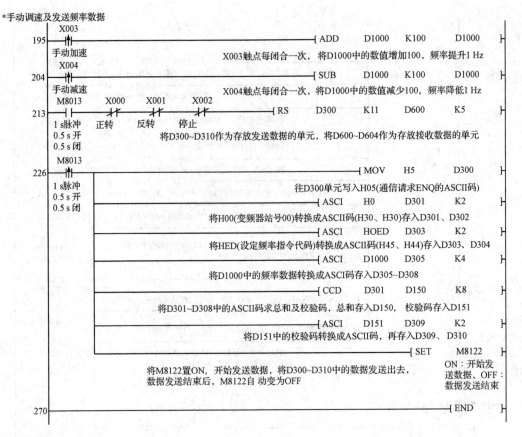

图 4.34　RS－485 通信梯形图

4）变频器参数设置

当变频器与 PLC 通信时，需要设置与通信有关的参数，有些参数值应与 PLC 的保持一致，其参数设置见表 4.15。

表 4.15　变频器参数设置

参数(Pr.)	名　　称	取值范围	说　　　明	设定值
117	PU 通信站号	0～31	变频器站号指定 当 1 台个人计算机连接多台变频器时，要设定变频器的站号。 当 Pr.549＝1(MODBUS－RTU 协议)时，设定范围为括号内的数值	0
118	PU 通信速率	48、96、192、384	通信速率 通信速率为设定值×100(例如，如果设定值是192，则通信速率为 19 200 bit/s)	192
119	PU 通信停止位长	0	停止位长：1 bit，数据长：8 bit	1
		1	停止位长：2 bit，数据长：8 bit	
		10	停止位长：1 bit，数据长：7 bit	
		11	停止位长：2 bit，数据长：7 bit	

续表

参数(Pr.)	名 称	取值范围	说 明	设定值
120	PU 通信 奇偶校验	0	无奇偶校验	2
		1	奇校验	
		2	偶校验	
121	PU 通信 再试次数	0~10	发生数据接收错误时的再试次数允许值。当连续发生错误次数超过允许值时，变频器将跳闸	9999
		9999	即使发生通信错误，变频器也不会跳闸	
122	PU 通信 校验时 间间隔	0	可进行 RS-485 通信，但是有操作权的运行模式启动的瞬间将发生通信错误	9999
		0.1~999.8 s	通信校验(断线检测)时间间隔。当无通信状态超过允许时间时，变频器将跳闸	
		9999	不进行通信检测(断线检测)	
123	PU 通信 等待时间设定	0~150 ms	设定向变频器发送数据后信息返回的等待时间	20
		9999	用通信数据进行设定	
124	PU 通信有无 CR/LF 选择	0	无 CR、LF	0
		1	有 CR	
		2	有 CR、LF	

任务 8　变频器、PLC 和触摸屏之间的控制

任务要求：

了解变频器、PLC 和触摸屏之间的控制方法。

4.8.1　触摸屏 TPC7062K 概述

触摸屏 TPC7062K 具有如下特点：

(1) 高清：800×480 分辨率，更精致、自然、通透；

(2) 真彩：65 535 色数字真彩，且有丰富的图形库；

(3) 可靠：抗干扰性能达到工业Ⅲ级标准，采用 LED 背光永不黑屏；

(4) 配置：ARM9 内核、400M 主频、64M 内存、128M 存储空间；

(5) 软件：MCGS 全功能组态软件，支持 U 盘备份、恢复，功能更强大；

(6) 环保：低功耗，整机功耗仅 6 W，更环保；

(7) 时尚：7″宽屏显示、超轻、超薄机身设计，引领简约时尚。

TPC7062K 外部接口示意图如图 4.35 所示，RS-485 串口引脚定义对应表如表 4.16 所示。

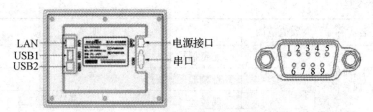

图 4.35　TPC7062K 外部接口示意图

表 4.16　RS－485 串口引脚定义对应表

接口	PIN	引脚定义
COM1	2	RS－232 RXD
	3	RS－232 TXD
	5	GND
COM2	7	RS－485＋
	8	RS－485－

当 RS－485 通信距离大于 20 m，且出现通信干扰现象时，才考虑对终端匹配电阻进行设置。

4.8.2　认识 MCGS 嵌入版组态软件

1. MCGS 嵌入版组态软件的主要功能

MCGS 嵌入版组态软件的主要功能如下：

（1）简单灵活的可视化操作界面：采用全中文、可视化的开发界面。

（2）实时性强、有良好的并行处理性能：是真正的 32 位系统，以线程为单位对任务进行分时并行处理。

（3）丰富、生动的多媒体画面：以图像、图符、报表、曲线等多种形式为操作员及时提供相关信息。

（4）完善的安全机制：提供了良好的安全机制，可以为多个不同级别用户设定不同的操作权限。

（5）强大的网络功能：具有强大的网络通信功能。

（6）多样化的报警功能：提供多种不同的报警方式，具有丰富的报警类型，方便用户进行报警设置。

（7）支持多种硬件设备。

总之，MCGS 嵌入版组态软件具有与通用组态软件一样强大的功能，并且操作简单，易学易用。

2. 连接 TPC7062K 和 PC 机

USB 线实物图如图 4.36 所示。对于普通的 USB 线，其一端为扁平接口，可插到电脑的 USB 口，另一端为微型接

图 4.36　USB 线实物图

口，可插到 TPC 端的 USB2 口。

　　点击工具条中的下载按钮，进行下载配置（如图 4.37 所示）。选择"连机运行"，连接方式选择"USB 通信"，然后点击"通信测试"按钮，通信测试正常后，点击"工程下载"。

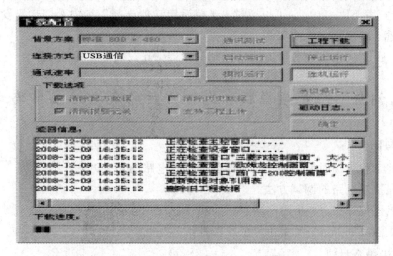

图 4.37　工程下载示意图

新建工程设置对话框如图 4.38 所示。

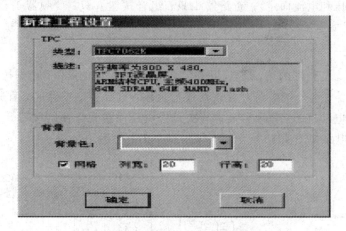

图 4.38　"新建工程设置"对话框

项 目 小 结

　　本项目主要介绍了继电器与变频器组合的电动机正反转的控制方法，继电器与变频器组合的变频工频切换的控制方法，PLC 与变频器组合的多段速的控制方法，PLC 与变频器组合的自动送料系统的控制方法，PLC 模拟量与变频器的组合控制方法，PLC 与变频器的通信方法及变频器、PLC 和触摸屏之间的控制方法等。在这些控制方法中主要注意如下几点：

　　(1)变频器控制电动机运行需要提供两类信号：启动信号及速度信号，启动信号即正转还是反转信号，速度信号在外部模式下常用的有两种提供方式，一是通过速度端子设置相应的参数；二是采用模拟电压法，通过调节电位器来进行调节。

(2)变频器通过正转端子 STF、反转端子 STR 以及 RH、RM、RL 三个速度端子与 PLC 连接。

(3)常见的模拟量处理模块为模拟量输入模块 FX_{2N}-4AD 及模拟量输出模块 FX_{2N}-4DA。

(4)对于三菱 FR-D700，可以通过"遥控设定功能选择"参数 Pr.59 的设定来使其输入端具有加速、减速及归零的功能。

(5)PLC 通过 RS-485 通信方式来控制变频器的正反转、加减速及停止。

技能训练 3　变频器正、反转运行控制电路安装与调试

1. 实训目的

(1)掌握工程应用时变频器正、反转运行控制电路的安装方法；

(2)掌握控制电路的调试方法。

(3)形成遵纪守法、严格遵守国家标准和行业规范的意识；

(4)养成注重细节、一丝不苟的工匠精神。

2. 实训设备及材料

交流接触器 1 只(参数根据变频器的使用电压和电流而定)；中间继电器 2 只(参数根据变频器的使用电压和电流而定)；断路器 1 只；组合按钮 6 只；变频器 1 台；电动机 1 台；5 kΩ/2 W 线绕可变电阻 1 只；导线若干。

3. 电路原理

本实训课题为变频器的正、反转运行控制。在实际应用电路中，根据操作、安全运行等具体情况，往往需要由外接电路对变频器进行控制。选择控制电路时，首先考虑避免由主接触器直接控制电动机的启动和停止；其次是应由使用最为方便的按钮开关进行正、反转运行控制，控制电路如图 4.39 所示，工作原理如文中所述。

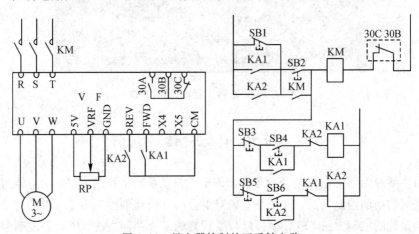

图 4.39　继电器控制的正反转电路

4. 电路安装

电路安装可以在电器控制实训柜中或实训配电屏上进行。由于变频器的接线端子不能也不便于反复拆装，因此可将变频器安装在一块绝缘板上。在板上安装接线端子线排，变

频器的接线端子连接到接线排上，组成一个变频器组件实训板，如图4.40所示。

如果没有合适的实训柜或配电屏，也可以在实训板上进行。图4.41为安装实训板示意图，材料可选用家装用的细木工板或纤维压合板，板的尺寸如图4.41所示。各电气元器件可用快攻螺钉进行固定，安装时要根据变频器的安装原理进行区域划分，布线按照电工要求进行。控制电路安装完毕，先不要连接主电路，当检查通电无问题后再将主电路接通。连接主电路时要认真核对，以免将输入、输出端接错而造成变频器损坏。

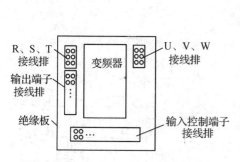

图4.40　变频器组件实训板

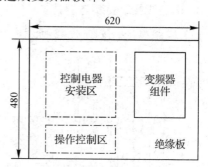

图4.41　安装实训板示意图

5. 调试运行

控制电路组装完毕，调试运行要围绕以下几个方面。

（1）检查控制电路有无接错。先对照原理图进行直观检查，确认无错误才可以进行通电。

通电后分别按下各按钮，检查电路功能是否与设计要求相同。例如，当电动机正、反转运行时，如果按下 SB1 可以使变频器断电，那么与 SB1 并联的互锁触点 KA1、KA2 可能接错或是不起作用。又例如，当电动机正转或反转运行时，按下 SB4 或 SB6 电动机转动，而一抬手电动机就停止，这表明与它们并联的自锁触点 KA1 或 KA2 没起作用。控制电路一切正常后，再将变频器接入，接入时要特别注意输入、输出端不要接错。

（2）对变频器进行功能预置。将变频器的频率预置为外端子控制，并预置上限和下限频率、频率上升和下降时间等。改变外控电位器，观察变频器的频率变化。

（3）将电路按某一具体应用对变频器进行功能预置。可以将此控制电路赋予一定的功能，例如卧式车床上的主轴电动机控制，这样就可以按照车床主轴传动要求对变频器进行功能预置。

6. 实训总结

实训结束后写出书面总结，内容包括实训中出现的问题、解决的方法、收获和经验教训等，并在学习小组中交流。

技能训练 4　变频-工频切换电路安装与调试

1. 实训目的

（1）掌握变频-工频切换电路的工作原理；

（2）学习控制电路的安装与调试；

（3）形成良好的意志品质和敬业、诚信等良好的职业观；

（4）形成团队精神、合作意识和创新创造能力。

2. 实训设备及材料

变频器 1 台；5 kΩ/2 W 线绕可变电阻 1 只；电动机 1 台；接触器 3 只；中间继电器 2 只；旋转开关 1 只；延时继电器 1 只；热继电器 1 只；蜂鸣器 1 只；白炽灯 1 只（以上元器件参数根据所用电源电压值选取）；组合按钮 6 只；安装导线若干。

3. 电路连接、安装与调试

（1）电路连接。按图 4.42 所示电路进行连接。

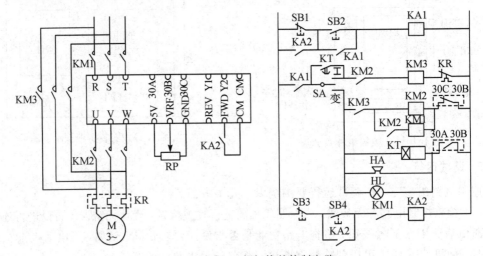

图 4.42　变频-工频切换的控制电路

（2）电路安装。若变频-工频切换的电路在实训板上安装，则要划分安装区域。由于按钮、旋转开关、蜂鸣器及指示灯等在工程上都安装在控制室的控制台上，因此安装时要在实训板上画出控制区，将这些控制件安装在这个区域，以此来模拟控制台。区域划分亦可按图 4.41 所示进行，安装布线要按照电工安装操作规程进行。

（3）电路调试。安装完毕后要对照原理图反复核对，确认无误经老师同意后才可通电调试。通电前先将 KM3 主触点断开，以防止电路动作有误而损坏变频器。将 SA 旋转到接通 KM3 支路，按下 SB2，检查 KA1、KM3 控制的有关接点动作是否正常，例如 KM3 主触点是否闭合，KA1 是否自保等。按下 SB1，看 KA1、KM3 是否释放，这一路正常后，将 SA 旋转到变频控制电路。

按下 SB2，查看 KM2、KM1 线圈是否得电吸合，若 KM2 没有得电吸合，则检查 KM3 常闭触点是否接错，30C 是否接错，变频器预置是否错误等。若 KM1 没有得电吸合，则检查 KM2 常闭触点是否接错。

控制电路调试时的关键之处是 KM3 和 KM2、KM1 的互锁关系，即 KM2、KM1 闭合时 KM3 必须断开；而 KM3 闭合时 KM2、KM1 必须断开，二者不能有任何时间重叠。确认工作正常后再把 KM3 主触点与电路接通，进行切换操作。

（4）变频器投入运行后，可先进行工频运行，而后手动切换为变频运行。当两种运行方式均正常时，再进行故障切换运行。故障切换运行可设置一个"外部紧急停止"端子，当这个端子有效时，变频器发出故障警报，30C 和 30A 触点动作，自动将变频器切换到工频运行并发出声光报警。

变频器调试时，一些具体和相关的功能参数要根据变频器的具体型号和要求进行预置。

4. 实训总结

写出书面实训总结。本次实训课题环节较多，内容较复杂，电路连接时容易出错，调试中可能会出现一些意想不到的问题，因此要认真加以总结，并将总结内容在学习小组中进行交流。

技能训练 5 变频器-PLC 控制电路安装与调试

1. 实训目的

（1）学习变频器-PLC控制电路的安装与调试；

（2）形成良好的意志品质和敬业、诚信等良好的职业观；

（3）养成注重细节、一丝不苟的工匠精神。

2. 实训设备及材料

变频器实训板 1 块；可编程逻辑控制器 1 台；旋转开关 2 只；点动开关 2 只；钮子开关 1 只；220V 信号灯 4 只；断路器、接触器各 1 只；导线若干。

3. 实训内容及步骤

（1）变频器-PLC控制正、反转电路原理。在变频器控制中，如果控制电路逻辑功能比较复杂，则用 PLC 控制是最适合的控制方法。为了从简单入手，先学习用 PLC 控制变频器的正、反转运行，控制电路如图 4.44 所示。图中 SA1 是一旋转开关，用于启动 PLC 工作；SB1 是变频器通电按钮；SB2 是变频器断电按钮；SA2 是变频器正反转运行控制旋转开关。

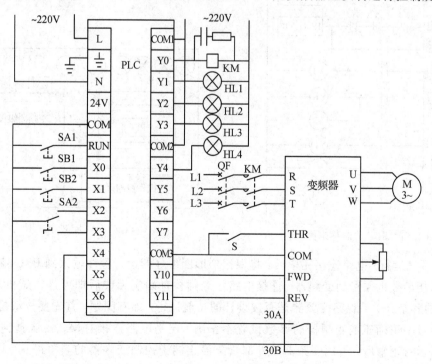

图 4.43 变频器-PLC控制正、反转电路

下面结合梯形图介绍电路的控制原理。

PLC 控制梯形图如图 4.44 所示。当按下 SB1 时,输入继电器 X0 得到信号并动作,输出继电器 Y0 动作并自保,接触器 KM 得电吸合,接通变频器主电路。当 Y0 动作后,Y1 动作,接通指示灯 HL1,指示变频器已经通电。当按下 SB2 时,输入继电器 X2 动作。如果 X2、X3 均未动作,即正、反转旋转开关在中间位置,则 Y0 被复位,接触器 KM 失电释放,主触点断开,变频器切断电源。当将旋转开关 SB2 旋至 X2 时,输入继电器 X2 动作,输出继电器 Y10、Y2 动作,Y10 将 FWD 闭合,变频器正向转动,Y2 将指示灯 HL2 接通,指示变频器正转运行。若将 SB2 旋至 X3,输入继电器 X3 得到信号并动作,输出继电器 Y11、Y3 动作,Y11 将 REV 闭合,变频器反向转动,Y3 将指示灯 HL3 接通,指示变频器反转运行;若将 SB2 旋至中间位置,则 X2、X3 均没有输入信号,变频器处于停止状态。与此同时,X2、X3 的常闭触点闭合,为变频器断电做准备。若这时按下 SB2,则 Y0 复位,KM 释放使变频器断电。

当变频器出现跳闸保护时,30A、30B 闭合,输入继电器 X4 得到信号并动作,输出继电器 Y4 动作,将 Y0 复位,KM 释放,变频器断电。

(2) 实训安装。根据变频器的具体情况,可有多种安装方法。例如本实训可将“变频器组件”由导线和 PLC 连接起来,主要考虑的是接口电路的连接。PLC 和变频器也可以在同一块实训板上安装。为了防止 PLC 在反复拆装时接线端子的损坏,也可以将各端子用导线接到接线排上,做成“PLC 组件”。“PLC 组件”和“变频器组件”可以在实训板上组成各种控制电路,图 4.45 是本实训的安装布局图。

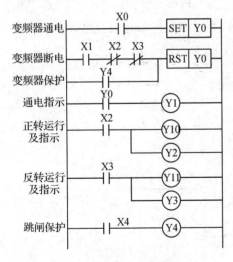

图 4.44 PLC 控制梯形图

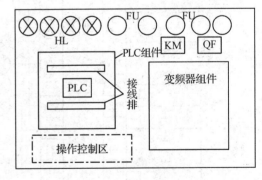

图 4.45 安装布局图

(3) 调试运行。电路连接完毕后,将根据梯形图编好的运行程序输入到 PLC,将变频器的有关功能参数也预置到变频器。连接电路经老师检查确实无误后即可进行试机运行。操作 PLC 的各个开关,观察变频器是否按设计的功能运行。如有问题,首先要分清是 PLC 输出控制信号不正确还是变频器的参数设置不正确,还是电路连接有误,要认真进行检查。当变频器运行正常后,可用变频器的外部紧急停止端子控制变频器的紧急停止,以观察总报警输出端(30A、30B)动作,控制 PLC 发出断电信号,使 KM 释放,变频器断电。

4. 注意事项

（1）电路连接时要注意 PLC 的 220V 高压电不要接错位置，以免造成 PLC 损坏。

（2）实训前要认真阅读本实训课题的有关内容。根据所用 PLC 编制指令程序，并将编好的程序交老师审查。

思考与练习题

1. 继电器与变频器组合的电动机正反转控制如何实现防止正反转误动作？

2. 国家规定的电力工业及用电设备的标准频率是多少？如何实现工频与变频的切换？

3. 如果自动送料系统控制中要求按下停止按钮时系统立即停止运行，则程序如何修改？（提示：步进顺控中可以使用区间复位指令 ZRST，或者 M8034（输出全部禁止）特殊辅助继电器；经验设计中只需要在每条支路都加上 X2 的常闭触头切断线圈即可。）

4. 实现 PLC 电流模拟量与变频器的组合控制，具体要求如下：某水泵电动机需要通过变频器调速控制抽水量。水泵电动机型号为 10 kW、380 V、△接法。输入信号启动、停止按钮及电流调速信号（0～20 mA）控制变频器输出频率（0～50 Hz），通过 PLC 处理后控制变频器，实现电动机的启动、停止和调速。试完成 PLC、变频器综合控制系统设计并安装、调试。

项目五　变频器的选择、安装与维护

学习目标

（1）了解常见变频器的类型、特点及对变频器选型的要求；

（2）掌握变频器的安装方式以及变频器与机械设备的配套安装方式；

（3）掌握变频器控制柜的设计方式；

（4）了解变频器的保护功能及其处理方法；

（5）掌握变频器运行过程中出现的故障及处理方法；

（6）了解变频器的日常检查和定期检查项目。

能力目标

（1）能够正确地选择变频器；

（2）熟知变频器的安装方式；

（3）能够处理变频器运行过程中出现的故障；

（4）熟知变频器的日常检查和定期检查项目。

变频器是变频调速系统的核心器件，变频调速是交流调速系统的关键技术。变频调速系统具有调速性能和启/制动性能优异、效率高、功率因素高、节电率高、适应范围广等优点，在工业控制领域得到广泛的应用。本项目主要从变频器的选择、变频器的安装和控制柜的设计、变频器的故障处理和检查维护及相关技能训练几个方面进行介绍。

任务 1　变频器的选择

任务要求：

（1）了解常见变频器的类型及特点；

（2）了解负载的不同类型及对变频器选型的要求；

（3）掌握变频器容量的计算方法。

如果变频器的选择、使用和维护不当，则经常会引起变频器运行不正常，甚至引发设备故障，导致生产中断，带来不必要的损失。那么，在选择变频器时，应根据什么原则进行选择？

5.1.1　常见变频器的类型及特点

通用变频器的选择包括变频器的类型选择和容量选择两个方面，其总的原则是首先要保证满足工艺要求，而且节省资金。要根据工艺环节、负载的具体要求选择性价比相对较高的品牌、类型及容量。

目前，国内市场上流行的变频器品牌种类繁多。例如，日本品牌有富士、三菱、安川、三垦、日立、松下、东芝等；韩国品牌有 LG、三星、现代、收获等；欧美国家品牌有西门子、ABB、Vacon、Danfoss(丹佛斯)、Lenze(伦茨)、KEB、C.T(统一)、欧陆等；中国品牌有康沃、安邦信、惠丰、森兰等。

各种品牌变频器在功能、操作维护及应用等方面均基本相似，只是不同品牌的变频器有其特定的功能。大体上，欧美国家的产品性能先进、适应环境能力强，日本的产品外形小巧、功能多；中国国内的产品大众化、功能简单、实用、价格低。

5.1.2　不同负载变频器类型的选择

在生产实践中，需要根据负载的机械特性来选择不同类型的变频器。变频器负载的机械特性(即转速-转矩特性)是选择电动机及变频器容量、决定其控制方式的基础。机械负载种类繁多，但归纳起来，主要有恒转矩负载、恒功率负载和二次方律负载。根据机械负载的不同，主要从以下三种不同负载变频器类型进行选择。

1. 恒转矩负载变频器的选择

传送带、搅拌机、挤出机以及行车、升降机等负载的转矩基本上是一个恒定的数值，此类负载称为恒转矩负载。在工矿企业中应用比较广泛的桥式起重机、带式输送机等都属于恒转矩负载类型，提升类负载也属于恒转矩负载类型。对于恒转矩负载，变频器的选择需考虑以下几个因素：

(1) 调速范围。在调速范围不大、对机械特性硬度要求不高的场合，可选用采用 U/f 控制方式或无反馈矢量控制方式的变频器。

(2) 负载波动。对于转矩波动较大的负载，应考虑采用矢量控制方式的变频器。如果要求负载具有较高的动态响应，则应选用采用有反馈矢量控制方式的变频器。例如，对于行车或吊车所吊起的重物，其重量在地球引力的作用下产生的重力是永远不变的，所以无论升高或降低速度，在近似匀速运行条件下，即为恒转矩负载。由于功率与转矩、转速两者乘积成正比，因此机械设备所需要的功率与转矩、转速成正比。电动机的功率应与最高转速下的负载功率相适应。

2. 恒功率负载变频器的选择

各种卷曲机械(如造纸机械)属于恒功率负载类型。对于恒功率负载，选择采用 U/f 控制方式的变频器即可。对于轧钢、造纸等要求精度高、响应快的生产机械，宜选用采用矢量控制方式的变频器。

3. 二次方律负载变频器的选择

离心式风机和水泵都属于典型的二次方律负载类型。对于二次方律负载，选择采用 U/f 控制方式的变频器即可。由于二次方律负载的转矩与转速的二次方成正比，当工作频率高于额定频率时，负载转矩将大大超过电动机额定转矩，从而使变频器过载。因此，在功能设置时需要注意，最高工作频率不能高于额定频率。

不同负载变频器类型的选择见表 5.1 所示。

表 5.1　不同负载的变频器类型的选择

负载类型		恒转矩负载	恒功率负载	二次方律负载
变频器类型	一般要求	采用 U/f 控制方式的变频器	采用 U/f 控制方式的变频器	采用 U/f 控制方式的变频器
	要求较高	采用矢量控制方式的变频器、采用直接转矩控制方式的变频器	采用矢量控制方式的变频器、采用直接转矩控制方式的变频器	

5.1.3　变频器容量的选择

选择变频器时，首先要充分了解变频器调速系统的应用场合及负载特性，并计算变频器的容量，然后再从容量、输出电压、输出频率、控制模式等方面综合考虑，进而选择与系统匹配的机种及机型。变频器的容量直接关系到变频器调速系统的运行可靠性，因此，合理的容量将保证最优的投资。

这里给出了三种容量选择，通常用额定电流、输出电压、输出频率表示，它们之间互为补充。

1. 额定电流

选择变频器时，由于变频器的额定电流是一个反映半导体变频装置负载能力的关键量，因此负载电流不超过变频器的额定电流是选择变频器容量的基本原则。需要着重指出的是，确定变频器容量前应仔细了解设备的工艺情况及电动机的参数。例如，潜水泵、绕线转子电动机的额定电流要大于普通笼型异步电动机的额定电流。冶金工业常用的辊道电动机不仅额定电流很大，同时它允许短时处于堵转工作状态，且辊道传动大多是多电动机传动。因此，应保证在无故障状态下负载总电流均不超过变频器的额定电流。下面为几种工作方式下的额定电流的计算方法。

1）连续运行

由于变频器输送给电动机的电流是脉动电流，其脉动值要比工频电源供电时大一些，因此要给变频器的额定电流留有适当裕度。

一般情况下，变频器的额定电流应不小于 1.05～1.1 倍电动机的额定电流或电动机实际运行时的最大电流，即

$$I_{INV} \geqslant (1.05 \sim 1.1) \times I_{MN} \text{ 或 } I_{INV} \geqslant (1.05 \sim 1.1) \times I_{max}$$

式中：I_{INV} 为变频器的额定电流；I_{MN} 为电动机的额定电流；I_{max} 为电动机实际运行时的最大电流。

2）短时加减速运行

变频器从一个速度过渡到另一个速度的过程称为加减速。如果速度上升为加速，则速度下降为减速。通常情况下，在短时加减速运行时，变频器允许输出电流达到额定电流的 130%～150%（视变频器容量而定），而电动机的输出转矩是由变频器的最大输出电流决定的，因此，短时间内加减速时转矩也会增大。如果只需要较小的加减速转矩，则可以降低变频器的额定电流。由于电流的脉动，因此应先将变频器的最大输出电流降低 10%，然后进

行选定。

3）频繁加减速运行

频繁加减速运行情况的变频器容量选择是先根据加速、恒速、减速等运行状态确定变频器的额定电流 I_{INV}，然后按下式进行计算：

$$I_{\mathrm{INV}} = \left(\frac{I_1 t_1 + I_2 t_2 + \cdots + I_N t_N}{t_1 + t_2 + \cdots + t_N} \right) K_0$$

式中：I_1，I_2，$\cdots$，I_N 为各种运行状态下的平均电流；t_1，t_2，$\cdots$，t_N 为各种运行状态下的运行时间；K_0 为安全系数（通常情况下取 1.1，频繁运行时取 1.2）。

4）电动机工频直接启动

当三相异步电动机直接启动时，其启动电流通常为额定电流的 5～7 倍，这种情况下变频器的额定电流为

$$I_{\mathrm{INV}} \geqslant \frac{I_{\mathrm{K}}}{K_{\mathrm{g}}}$$

式中：I_{K} 为额定电压、额定频率下电动机直接启动时的堵转电流；K_{g} 为变频器允许的过载倍数，取值范围为 1.3～1.5。

5）多台电动机共用一台变频器

当多台电动机共用一台变频器供电时，以上原则仍然适用，但还需考虑以下几个方面。

（1）在电动机总功率相等的情况下，电动机组的效率与组内电动机的数量成反比，即电动机的数量越多，电动机组的效率越低，反之亦然。因此，电动机的电流总值并不相等，可以根据电动机电流的总和来选择变频器。

（2）在进行软启动、软停止整定时，由启动最慢的电动机来决定整定电流值。

（3）如果有部分电动机直接启动，则变频器额定电流的计算公式为

$$I_{\mathrm{INV}} \geqslant \frac{[N_2 I_{\mathrm{K}} + (N_1 + N_2) I_{\mathrm{MN}}]}{K_{\mathrm{g}}}$$

式中：N_1 为电动机总台数；N_2 为直接启动的电动机台数；I_{K} 为额定电压、额定频率下电动机直接启动时的堵转电流；I_{MN} 为电动机的额定电流；K_{g} 为变频器允许的过载倍数（1.3～1.5）。

多台电动机依次进行直接启动时，到最后一台电动机时，启动条件最不利。

选择变频器容量时具有以下注意事项。

（1）并联追加启动。用一台变频器驱动多台电动机并联运行时，如果所有电动机同时启动，则可以按照以上原则选择。但如果一部分电动机启动后再追加其他电动机启动，则由于变频器的电压、频率已经上升，追加的电动机会产生较大的启动电流，变频器的容量比同时启动时要大一些。

（2）过载容量。变频器过载容量为 125%、60 s 或 150%、60 s，当超过此数值时，必须增大变频器的容量。当变频器为 200% 的过载容量时，必须先按 $I_{\mathrm{INV}} \geqslant (1.05 \sim 1.1) I_{\mathrm{MN}}$ 计算出额定电流，再乘 1.33 倍来选取变频器的容量。

（3）轻载电动机。当电动机的实际负载比其额定输出功率小时，可根据实际负载来选择变频器的容量。但对于通用变频器，即使实际负载小，使用比匹配电动机额定功率容量小的变频器时效果也不理想。

2. 输出电压

变频器的输出电压由电动机的额定电压决定。我国低压电动机额定电压一般为 380V，

可以选择 400V 系列的变频器。需要注意的是，变频器的工作电压是按 U/f 曲线变化的，在附录中，附表 2 中给出的输出电压是变频器的最大输出电压，即基频下的输出电压。

3. 输出频率

变频器的类型不同，其最大输出频率也大不同，有 50 Hz/60 Hz、120 Hz、240 Hz，甚至更高。最大输出频率为 50 Hz/60 Hz 的变频器以在额定速度以下范围内进行调速为目的，大容量通用变频器一般都属于此类。最大输出频率超过工频的变频器多为小容量变频器。因此要根据变频器的使用目的来确定最大输出频率，从而选择变频器的类型。

由于变频器内部产生的热量大，因此除小容量变频器外，大多数变频器采用开启式结构，借助风扇进行强制冷却。当变频器处于室外或环境恶劣时，最好采用具有冷却热交换装置的全封闭式结构。小容量变频器如果设置在粉尘、油雾多的环境中，则也应采用全封闭式结构。

5.1.4 变频器选择注意事项

1. 启动转矩与低速区转矩

用通用变频器驱动电动机时，启动转矩比直接用工频电源驱动时要小，可能会由于负载的启动转矩特性而使电动机不能正常启动。当初步选定的变频器和电动机不能满足负载所要求的启动转矩和低速区转矩时，变频器的容量和电动机的容量可再加大。例如，在某一速度下，需要初步选定变频器的容量和达到额定转矩 70% 的电动机，但如果由输出转矩特性曲线知道仅能得到 50% 的转矩，则变频器和电动机的容量都需要重新选择，且为初始容量的 1.4(70/50) 倍以上。

2. 从电网到变频器的切换

将在工频电网中运转的电动机切换到变频器运转时，电动机必须完全停止以后再由变频器驱动启动。否则，将会产生过大的电流冲击和转矩冲击，导致供电系统跳闸或设备损坏。此种情况下，必须选择有相应控制装置的变频器。

3. 瞬停再启动

当发生瞬时失电、停电、变频器停止工作时，立即重新上电后变频器不能马上再开始运转，必须等电动机完全停止后再启动，否则，会由于变频器输出频率值与自由运转中的电动机实际频率不符，引起过电压、过电流保护动作，造成故障停机。此种情况下，应选用具有瞬停再启动功能的变频器。

任务 2   变频器的安装和控制柜的设计
▶▶▶───────────────────────────

任务要求：

（1）了解变频器的安装环境；

（2）掌握变频器的安装方式以及变频器与机械设备的配套安装方式；

（3）掌握变频器控制柜的设计方式；

（4）熟悉变频器的使用注意事项。

正确安装变频器及合理设计控制柜是合理使用变频器的基础，因此，要了解变频器的安装环境、安装方式、控制柜设计标准及安装规范。各种系列的变频器都有其标准的接线方式，用户应该熟悉变频器的接线方式，并严格按照规定接线。

5.2.1 变频器的安装环境

变频器最好安装在室内，不要受阳光的直接照射。在没有房屋的野外安装变频器时，要加装防雨水、防冰雹、防高温、防低温的装置。安装变频器时，要求所安装的墙壁不受振动。当不加装控制柜时，要求变频器安装在牢固的墙壁上，墙面材料应为钢板或其他非易燃的坚固材料。在不满足上述条件的场所中使用变频器时，会导致变频器性能降低、寿命缩短，甚至引起故障。变频器安装的环境要求见表 5.2 所示。

表 5.2 变频器安装的环境要求

环 境	要 求
环境温度	−10℃～50℃(不结冰)
环境湿度	45%～90%RH(无结露)
周围气体	无腐蚀性气体、可燃性气体、尘埃等
振动、加速度	振频为 10～55 Hz，振幅为 1 mm，加速度为 5.9 m/s^2
海拔高度	1000 m 以下

1. 环境温度与湿度

变频器与其他电子设备一样，对周围环境温度有一定的要求，一般为 −10℃～50℃，超过此范围时，半导体、零件、电容量等的寿命会显著缩短。由于变频器内部是大功率的电子器件，极易受到工作温度的影响，为了保证变频器工作的安全性和可靠性，使用时应考虑留有余地，周围环境温度最好控制在 40℃ 以下。当环境温度在 40℃～50℃ 之间时，应降额使用，温度每升高 1℃，额定输出电流应减少 1%。当周围环境温度太高且温度变化大时，变频器的绝缘性会大大降低，从而缩短变频器的寿命。

变频器与其他电气设备一样对环境湿度有一定要求，变频器周围的空气相对湿度≤95%(无结露)。一般情况，使用变频器时，环境湿度范围通常为 45%～90%。湿度过高，会发生绝缘性降低及金属腐蚀的现象；湿度过低，会发生空间绝缘破坏的现象。根据现场工作环境，必要时需要在变频柜(箱)中加放干燥剂和加热器。当变频器长期处于不使用状态时，应该特别注意变频器内部是否会因为周围环境的变化而出现结露状态，并采取必要的措施，以保证变频器在重新使用时仍能正常工作。

2. 周围气体

安装变频器的室内要求无腐蚀性、无爆炸性或无可燃性气体，并且粉尘、油雾指标满足要求。如果室内有爆炸性或可燃性气体，则变频器内的继电器、接触器工作时产生的火花会引燃爆炸性或可燃性气体而导致重大事故。如果腐蚀性气体长期存在，则变频器内没有进行表面涂覆的金属将产生锈蚀，影响其正常工作。如果安装场所内粉尘和油雾量较大，则这些粉尘和油雾将附着在变频器内的模块、线路及部件上，导致绝缘性降低。对于采用强迫冷却方式的变频器，油雾、粉尘量较大还将造成过滤器堵塞，导致变频器内部温度上升而被损坏。

3. 振动与加速度

变频器应在振频为 $10\sim55$ Hz、振幅为 1 mm、加速度为 5.9 m/s^2 以下时的环境中使用，即使振动及加速度在规定值以下，但如果承受时间过长，也会引起机构部位松动、连接器接触不良等问题。同时，变频器在运行的过程中，要注意避免受到振动和冲击。变频器是由很多元器件通过焊接、螺钉连接等方式组装而成的，当变频器或装变频器的控制柜受到机械振动或冲击时，会导致焊点、螺钉等连接头或连接件脱落或松动，引起电气接触不良，甚至造成其短路等严重故障。因此，变频器运行中除了提高控制柜的机械强度、远离振动源和冲击源，还应在控制柜外加装抗震橡皮垫片，在控制柜内的元器件和安装板之间加装缓冲橡胶垫，以达到减震的目的。一般地，在设备运行一段时间后，应对控制柜进行检查和加固。

4. 电气环境

变频器的电气主体是功率模块及其控制系统的硬软件电路。当这些元器件和软件程序受到一定的电磁干扰时，会发生硬件电路失灵、软件程序乱飞等，造成运行事故。所以为了避免电磁干扰，变频器应根据所处的电气环境，采用防止电磁干扰的措施，具体如下：

(1) 输入电源线、输出电动机线、控制线应尽量远离变频器。

(2) 容易受影响的设备和信号线应尽量远离变频器。

(3) 关键的信号线应使用屏蔽电缆，建议屏蔽层采用 $360°$ 接地法接地。

变频器的主电路是由电力电子器件构成的，这些器件对过电压十分敏感，变频器输入端的过电压会造成主元器件的永久性损坏。例如，有些工厂自带发电机供电，电网波动会比较大，所以对变频器输入端的过电压应有防范措施。

5. 腐蚀性气体、盐害

变频器安装在有腐蚀性气体的场所或海岸附近易受盐害影响的场所时，会导致印制电路板的电路图案及零部件腐蚀、继电器开关部位的接触不良等，应加以注意。

6. 易燃易爆性气体

变频器为非防爆结构设计，必须安装在防爆结构的控制柜内使用。若在可能会由于爆炸性气体、粉尘引起爆炸的场所中使用变频器，则必须选择符合相关规定并检验合格的控制柜。这样，控制柜的价格会非常高，因此，最好避免安装在以上场所。

7. 海拔高度

随着海拔高度的升高，空气会变得稀薄，从而使冷却效果降低以及气压下降，导致绝缘强度发生劣化，因此变频器要在海拔高度在 1000 m 以下的地区使用。当变频器安装在海拔高度在 1000 m 以下的地区时，可以输出额定功率；当海拔高度超过 1000 m 时，其输出功率会下降。

5.2.2 变频器的安装方式

安装变频器时要考虑变频器的散热问题，以及如何把变频器运行时产生的热量充分地散发出去，所以要注意安装方式。变频器的安装方式及注意事项如下。

1. 变频器的安装方式

变频器工作时，其散热片附近的温度较高，故变频器上下不能放置不耐热的装置，安装底板需为耐热材料。此外，还需保证不能有杂物进入变频器，以免造成短路或其他故障。

为了便于通风、利于散热，变频器应垂直安装，不可倒置或水平安装。

2. 变频器的安装空间

为了保证有通畅的气流通道并方便维护，变频器与其他装置及控制柜壁间应留有一定距离，变频器的上部作为散热空间，下部作为接线空间。变频器安装空间示意图如图 5.1 所示。

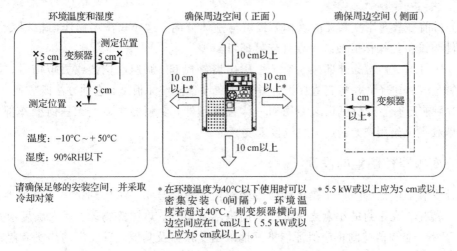

图 5.1 变频器安装空间示意图

3. 变频器上部器件

内置在变频器中的小型风扇会使变频器内部的热量从下往上升，因此如果要在变频器上部配置器件，应确保该器件即使受到热量的影响也不会发生故障。

4. 多台变频器的安装

在同一个控制柜内安装多台变频器时，通常按图 5.2(a) 所示进行横向摆放。当控制柜内空间较小而不得不进行纵向摆放时，由于下部变频器的热量会引起上部变频器的温度上升，从而导致变频器故障，因此应采取安装防护板等对策，如图 5.2(b) 所示。另外，在同一个控制柜内安装多台变频器时，应注意换气、通风或者将控制柜的尺寸做得大一点，以保证变频器周围的温度不会超过允许值范围。

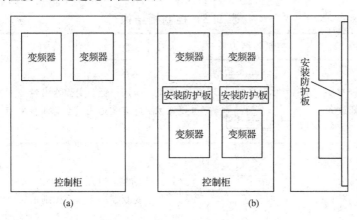

图 5.2 多台变频器安装示意图

(a) 横向摆放时；(b) 纵向摆放时

5.2.3 变频器与机械设备的配套安装

在有些机械成套设备中，由于结构原因不能将通用变频器安装在设备外部，而要求安装在设备内腔中。将操作面板或者调速旋钮与设备的操作面板统一布置安装，通常采取以下3种方法：

(1) 目前多数通用变频器的操作面板可与主体分离，这样只需将操作面板用专用电缆和接插件与设备的操作面板统一设计连接即可。

(2) 从通用变频器的外部控制端子上引出启停控制、调速电位器或模拟信号、显示信号和报警信号等端子，并将它直接设计并安装在设备操作面板上，这种方法既方便又实用。

(3) 目前已有生产机械设备专用的一体化变频器，变频器主体上无任何操作部件，操作部件单独提供给用户，通过电缆线接入变频器。

5.2.4 变频器控制柜的设计

设计安装变频器的控制柜是正确使用变频器的重要环节。考虑到柜内温度的增加，不能将变频器存放在密封的小盒之中或在其周围堆置零件、热源等物体。柜内温度应用保持在50℃以下。变频器控制柜应保证能良好地散出变频器及其他装置发出的热量和隔离阳光直射等外部进来的热量，从而将控制柜内的温度维持在变频器及柜内所有装置的允许温度范围内。

1. 变频器冷却方式

变频器的冷却方式有以下几种。

(1) 柜面自然散热的冷却方式(全封闭型)。

(2) 通过散热片冷却的方式(铝片等)。

(3) 换气冷却(强制通风式、管通风式)。

(4) 通过热交换器或冷却器进行冷却(热管、冷却器等)。

2. 不同冷却方式下的控制柜结构

不同冷却方式下的控制柜结构如表 5.3 所示。

表 5.3 控制柜结构

冷却方式		控制柜结构	注　释
自然冷却	自然换气 (封闭、开放式)		成本低，应用广泛。变频器容量变大时控制柜的尺寸也要变大。此方式适用于小容量变频器
	自然换气 (全封闭式)		全封闭式结构，适合在有尘埃、油雾等的恶劣环境中使用。根据变频器的容量，控制柜的尺寸可能需要加大

续表

冷却方式		控制柜结构	注　释
强制冷却	散热片冷却	散热片 INV	散热片的安装部位和面积均受限制,适用于小容量变频器
	强制换气	INV	一般在室内安装时使用,可以实现控制柜的小型化和低成本化,因此被广泛采用
	热管	热管 INV	全封闭式结构,可以实现控制柜的小型化

5.2.5　变频器的使用注意事项

变频器虽然是高可靠性产品,但周边电路的连接方法错误以及运行、使用方法不当也会导致产品寿命缩短或损坏。运行前请务必重新确认以下注意事项:

(1) 电源及电动机接线的压接端子推荐使用带绝缘套管的端子。

(2) 电源一定不能接到变频器输出端子(U、V、W)上,否则将损坏变频器。

(3) 接线时请保持变频器的清洁。在控制柜等上钻安装孔时,请勿使切屑粉掉进变频器内。

(4) 当变频器和电动机间的接线距离较长时(特别是低频率输出时),会由于主电路电缆的电压降而导致电动机的转矩下降。为使电压降在2%以内,应用适当规格的电线进行接线。

(5) 由于接线寄生电容所产生的充电电流会引起高响应电流限制功能下降,变频器输出侧连接的设备可能会发生误动作或异常,因此务必注意总接线长度,接线总长不要超过500 m。

(6) 在变频器的输出侧请勿安装移相用电容器或浪涌吸收器、无线电噪声滤波器等。

(7) 注意电磁波的干扰。变频器输入/输出(主电路)包含谐波成分,可能干扰变频器附近的通信设备。

(8) 在运行变频器前请充分确认电路的绝缘电阻。在接通电源前请充分确认变频器输出侧的对地绝缘、相间绝缘。使用特别旧的电动机或者使用环境较差时,请务必切实进行电动机绝缘电阻的确认。

(9) 运行后若要进行接线变更等作业,请在切断电源10 min后用测试仪测试电压后再进行。切断电源后一段时间内电容器仍然有高电压,非常危险。

(10) 不要使用变频器输入侧的接触器启动/停止变频器。变频器的启动与停止请务必使用启动信号(STF、STR 信号的 ON、OFF)。

（11）变频器输入输出信号电路上不能施加超过允许电压以上的电压。特别要注意确认接线，确保不会出现速度设定用电位器连接错误、端子10～5之间短路的情况。

（12）除外接再生制动用放电电阻器外，＋、PR端子不得连接其他设备，不能连接机械式制动器。

（13）在有工频供电与变频器切换的操作中，确保用于工频切换的接触器可以进行电气和机械互锁。

（14）需要知道变频器过负载运行时的注意事项。即当变频器反复运行、停止的频率过高时，因大电流反复流过，变频器的晶体管器件会反复升温、降温，从而可能会因热疲劳导致寿命缩短。

（15）为了防止停电后恢复通电时设备的再启动，需在变频器输入侧安装接触器，同时不要将顺控设定为启动信号（启动开关）ON 的状态。若启动信号（启动开关）保持 ON 的状态，则通电恢复后变频器将自动重新启动。

（16）通过模拟信号使电动机转速可变后使用时，为了防止变频器发出的噪声导致频率设定信号发生变动以及电动机转速不稳定等情况，请采取下列措施：

① 避免信号线和动力线（变频器输入输出线）平行接线和成束接线。

② 信号线尽量远离动力线（变频器输入输出线）。

③ 信号线使用屏蔽线。

④ 信号线上设置铁氧体磁心。

（17）请充分确认规格、额定值是否符合变频器及系统的要求。

任务 3　变频器的故障处理及检查维护

▶▶▶

任务要求：

（1）了解变频器的保护功能及故障处理方法；

（2）掌握变频器运行过程中出现的故障及处理方法；

（3）了解变频器的日常检查和定期检查项目。

在工作生产中，要对变频器实施定期的保养、故障处理及检查维护，这样才能使变频器可以长久稳定地工作，也能避免变频器突然损坏造成的损失。同时，了解变频器的自我保护功能、故障处理方法、日常检查及定期检查项目，掌握变频器运行过程中出现的故障及处理方法，可以延长变频器的使用寿命。

5.3.1　变频器的保护功能

变频器具有非常丰富的保护功能和异常故障显示功能，以保证变频器发生故障时能够及时做出处理，确保系统安全。

1. 变频器的常见保护功能

1）错误信息

错误信息指对于操作面板或参数单元的操作错误或设定错误，显示相关信息。出现错误信息时，变频器不会切断输出。错误信息故障代码及处理方法见表 5.4 所示。

表 5.4 错误信息故障代码及处理方法

故障代码	名称	内容	检查要点	处理方法
HOLD	操作面板锁定	设定为操作锁定模式，STOP/RESET 键以外的操作将无法进行	—	按 STOP/RESET 键 2 s 后操作面板锁定将解除
LOCd	操作面板锁定	正在设定密码功能，不能显示或设定参数	—	在 Pr.297 密码注册/解除中输入密码，解除密码功能后再进行操作
Er1	禁止写入错误	（1）Pr.77 参数写入选择设定为禁止写入的情况下试图进行参数的设定时；（2）频率跳变的设定范围重复时；（3）PU 和变频器不能正常通信时	（1）确认 Pr.77 参数写入选择的设定值；（2）确认 Pr.31～Pr.36（频率跳变）的设定值；（3）确认 PU 与变频器的连接故障代码	（1）设置 Pr.77、Pr.31～Pr.36 的设定值；（2）在停止运行后进行参数的设定
Er2	运行中写入错误	在 Pr.77≠2（任何运行模式下无论运行状态如何，都可写入）时的运行中或在 STF(STR) 为 ON 时的运行中进行了参数写入	（1）确认 Pr.77 的设定值；（2）是否在运行中	（1）设置 Pr.77＝2；（2）在停止运行后进行参数的设定
Er3	校正错误	模拟输入的偏置、增益的校正值过于接近时	确认参数 C3、C4、C6、C7（校正功能）的设定值	重新输入正确的 C3、C4、C6、C7 的设定值
Er4	模式指定错误	在 Pr.77≠2 且在外部、网络运行模式下试图进行参数设定时	（1）确认运行模式是否为 PU 运行模式；（2）确认 Pr.77＝2 后再进行参数设定	（1）把运行模式切换为 PU 运行式模式后再进行参数设定；（2）设置 Pr.77＝2 后再进行参数设定
Err5	变频器复位中	在 Pr.77≠2 且在外部、网络运行模式下试图进行参数设定时	（1）是否通过 RES 信号、通信以及 PU 发出复位指令时出现故障代码；（2）关闭电源后是否也显示	将复位信号置为 OFF

2）报警

当操作面板显示报警信息时，虽然变频器不会切断输出，但如果不采取处理措施，则可能会引发重故障。报警故障代码及处理方法见表5.5所示。

表5.5　报警故障代码及处理方法

故障代码	名称	内　　容		检查要点	处理方法
OL	失速防止（过电流）	加速时	当变频器的输出电流超出了失速防止动作水平(Pr.22失速防止动作水平)时，将停止频率上升直至过载电流减小，从而避免变频器因过电流而切断输出；当未达到失速防止动作水平时，使频率再次上升	（1）Pr.0转矩提升设定值是否过大； （2）Pr.7加速时间、Pr.8减速时间是否过短； （3）负载是否过重； （4）外围设备是否正常； （5）Pr.13启动频率是否过大； （6）Pr.22失速防止动作水平的设定值是否合适	（1）以1％为单位逐步降低Pr.0转矩提升值，并不时确认电动机的状态； （2）延长Pr.7加速时间、Pr.8减速时间； （3）减轻负载； （4）尝试采取通用磁通矢量控制方式； （5）尝试变更Pr.14适用负载选择的设定； （6）可以用Pr.22失速防止动作水平设定失速防止动作电流（初始值为150％）；可以改变加减速时间；可用Pr.22失速防止动作水平提高失速防止动作水平，或者用Pr.156失速防止动作选择使失速防止不动作。此外，也可以用Pr.156设定OL动作时的继续运行
		恒速运行时	当变频器的输出电流超出了失速防止动作水平(Pr.22失速防止动作水平)时，降低频率直至过载电流减小，从而避免变频器因过电流而切断输出；当未达到失速防止动作水平时，重新恢复到设定频率		
		减速时	当变频器的输出电流超出了失速防止动作水平(Pr.22失速防止动作水平)时，将停止频率下降直至过载电流减小，从而避免变频器因过电流而切断输出；当未达到失速防止动作水平时，使频率再次下降		
OL	失速防止（过电压）	减速运行时	（1）当电动机的再生能量过大，超过再生能量的消耗能力时，停止频率下降，从而避免变频器出现过电压切断，待到再生能量减小后继续减速； （2）选择再生回避功能的情况下(Pr.882=1)，电动机的再生能量过大时提高转速，从而避免过电压引起的电源切断	（1）是否急减速运行； （2）是否使用了再生回避功能(Pr.882、Pr.883、Pr.885、Pr.886)	可以改变减速时间，通过Pr.8（减速时间）来延长减速时间
PS	PU停止		在Pr.75复位选择/PU脱离检测/PU停止选择状态下用PU的 (STOP RESET) 键设定停止	是否按下操作面板的 (STOP RESET) 键使PU停止	将启动信号置为OFF，用 (PU EXT) 键即可解除

续表

故障代码	名称	内　容	检查要点	处理方法
RB	再生制动预报警	再生制动器使用率在 Pr.70 特殊再生制动使用率设定值的 85% 以上时显示。当 Pr.70 特殊再生制动使用率设为初始值(Pr.70＝0)时，该保护功能无效。当再生制动器使用率达到 100% 时，会引起再生过电压(E.OV_)。在显示[RB]的同时可以输出 RBP 信号。关于 RBP 信号输出所使用的端子，请通过将 Pr.190～Pr.196(输出端子功能选择)中的任意一个设定为"7(正逻辑)或 107(负逻辑)"来进行端子功能的分配	(1) 制动电阻的使用率是否过高； (2) Pr.30 再生制动功能选择、Pr.70 特殊再生制动使用率的设定值是否正确	(1) 延长减速时间； (2) 确认 Pr.30 再生制动功能选择、Pr.70 特殊再生制动使用率的设定值
TH	电子过电流保护预报警	电子过电流保护的累计值达到 Pr.9 电子过电流保护设定值的 85% 以上时显示。当达到 Pr.9 电子过电流保护设定值的 100% 时，电动机将因过载而切断(E.THM)。在显示[TH]的同时可以输出 THP 信号。关于 THP 信号输出所使用的端子，请通过将 Pr.190～Pr.192(输出端子功能选择)中的任意一个设定为"8(正逻辑)或 108(负逻辑)"来进行端子功能的分配	(1) 负载是否过大，加速运行是否过急； (2) Pr.9 电子过电流保护的设定值是否合理	(1) 减轻负载，降低运行频率； (2) 正确设置 Pr.9 电子过电流保护的设定值
MT	维护信号输出	提醒变频器的累计通电时间已经达到一定限度。当 Pr.504 维护定时器报警输出时间设为初始值(Pr.504 ＝9999)时，该保护功能无效	Pr.503 维护定时器的值是否比 Pr.504 维护定时器报警输出时间设定的值大	Pr.503 维护定时器中写入 0 即可消除该信号
UV	电压不足	若变频器的电源电压下降，则控制电路无法发挥正常功能，同时还将导致电动机的转矩不足或发热量增大。因此，当电源电压下降到约 AC115V(400V 级约为 AC230V 以下)时，停止变频器输出，显示 UV。当电压恢复正常后警报便可解除	电源电压是否正常	检查电源等电源系统设备

3) 轻故障

　　当出现轻故障时，变频器不会切断输出。用参数设定也可以输出轻故障信号。轻故障故障代码及处理方法见表 5.6 所示。

表 5.6 轻故障故障代码及处理方法

故障代码	FN
名称	风扇故障
内容	当使用装有冷却风扇的变频器时，冷却风扇因故障而停止或者转速下降，又或者执行了与 Pr.244 冷却风扇动作选择设定不同的动作时，操作面板将显示 FN
检查要点	冷却风扇是否异常
处理方法	可能是风扇故障，请与经销商或厂家联系

4) 重故障

当出现重故障时，保护功能动作后切断变频器的输出，并输出异常信号。重故障故障代码及处理方法见表 5.7 所示。

表 5.7 重故障故障代码及处理方法

故障代码	名称	内容	检查要点	处理方法
E. OC1	加速时过电流切断	加速运行中，当变频器输出电流超过额定电流的 200% 以上时，保护电路动作，停止变频器输出	(1) 是否为急加速运行； (2) 用于升降的下降加速时间是否过长； (3) 是否存在输出短路、接地现象； (4) 失速防止动作是否合适； (5) 再生额度是否过高(再生时输出电压是否比 U/f 标准值大，是否因电动机电流增加而产生过电流)	(1) 延长加速时间(缩短用于升降的下降加速时间)； (2) 在启动时 "E. OC1" 总是点亮的情况下，请尝试脱开电动机启动。如果 "E. OC1" 仍点亮，请与经销商或厂家联系； (3) 确认接线正常，确保无输出短路及接地发生； (4) 将失速防止动作设定为合适的值； (5) 请在 Pr.19 基准频率电压中设定基准电压(电动机的额定电压等)
E. OC2	恒速时过电流切断	恒速运行中，当变频器输出电流超过额定电流的 200% 以上时，保护电路动作，停止变频器输出	(1) 负载是否发生急剧变化； (2) 是否存在输出短路、接地现象； (3) 失速防止动作是否合适	(1) 消除负载急剧变化的情况； (2) 确认接线正常，确保无输出短路及接地发生； (3) 将失速防止动作设定为合适的值
E. OC3	减速时过电流切断	减速运行中(加速中、恒速中以外)，当变频器输出电流超过额定电流的 200% 以上时，保护电路动作，停止变频器输出	(1) 是否急减速运行； (2) 是否存在输出短路、接地现象； (3) 电动机的机械制动动作是否过早； (4) 失速防止动作是否合适	(1) 延长减速时间； (2) 确认接线正常，确保无输出短路及接地发生； (3) 检查机械制动动作； (4) 将失速防止动作设定为合适的值

续表一

故障代码	名称	内容	检查要点	处理方法
E.OV1	加速时再生过电压切断	当再生能量使变频器内部的主电路直流电压超过规定值时，保护电路动作，停止变频器输出。电源系统里发生的浪涌电压也可能引起该动作	（1）加速度是否太缓慢（在升降负载的情况下，下降加速时等）； （2）Pr.22失速防止动作水平是否设定得低于无负载电流	（1）缩短加速时间，使用再生回避功能（Pr.882、Pr.883、Pr.885、Pr.886）； （2）把Pr.22失速防止动作水平设定得高于无负载电流
E.OV2	恒速时再生过电压切断	当再生能量使变频器内部的主电路直流电压超过规定值时，保护电路动作，停止变频器输出。电源系统里发生的浪涌电压也可能引起该动作	（1）负载是否发生急剧变化； （2）Pr.22失速防止动作水平是否设定得低于无负载电流	（1）消除负载急剧变化的情况；使用再生回避功能（Pr.882、Pr.883、Pr.885、P.886），必要时请使用制动电阻器、制动单元或共直流母线变流器（FR-CV）； （2）把Pr.22失速防止动作水平设定得高于无负载电流
E.OV3	减速、停止时再生过电压切断	当再生能量使变频器内部的主电路直流电压超过规定值时，保护电路动作，停止变频器输出。电源系统里发生的浪涌电压也可能引起该动作	是否急减速运转	（1）延长减速时间（使减速时间符合负载的转动惯量）； （2）减少制动频度； （3）使用再生回避功能（Pr.882、Pr.883、Pr.885、Pr.886）； （4）必要时可使用制动电阻器、制动单元或共直流母线变流器（FR-CV）
E.THT	变频器过载切断（电子过电流保护）	当电路中流过的电流超过了变频器额定电流，但又不至于造成过电流切断（200%以下）时，输出晶体管的温度超过保护水平，就会停止变频器的输出（过载耐量150%/60 s、200%/0.5 s）	（1）加减速时间是否过短； （2）转矩提升的设定值是否过大（过小）； （3）适用负载选择的设定是否与设备的负载特性相符； （4）电动机是否在过载状态下使用； （5）环境温度是否过高	（1）延长加减速时间； （2）调整转矩提升的设定值； （3）根据设备的负载特性进行适用负载选择的设定； （4）减轻负载； （5）将环境温度控制在规格范围内

故障代码	名称	内容	检查要点	处理方法
E.THM	电动机过载切断(电子过电流保护)	当变频器内的电子过电流保护器在过载或恒速运转过程中检测到因冷却能力下降而造成的电动机过热,且达到Pr.9电子过电流保护设定值的85%时,处于预警报(TH显示)状态;当达到规定值时,保护电路动作,停止变频器的输出。当运行多极电动机等特殊电动机或多台电动机时,电子过电流保护不能保护电动机,请在变频器输出侧安装热敏继电器	(1)电动机是否在过载状态下使用; (2)电动机选择参数Pr.71适用电动机的设定是否正确; (3)失速防止动作的设定是否合理	(1)减轻负载; (2)恒转矩负载时把Pr.71适用电动机设定为恒转矩电动机; (3)正确设定失速防止动作
E.FIN	散热片过热	如果冷却散热片过热,则温度传感器动作,停止变频器输出。当达到散热片过热保护动作温度的85%时,可以输出FIN信号。关于FIN信号输出所使用的端子,请通过将Pr.190、Pr.192(输出端子功能选择)中的任意一个设定为"26(正逻辑)或126(负逻辑)",进行端子功能的分配	(1)周围温度是否过高; (2)冷却散热片是否堵塞; (3)冷却风扇是否已停止(操作面板是否显示FN)	(1)将周围温度调节到规定范围内; (2)清扫冷却散热片; (3)更换冷却风扇
E.ILF	输入缺相(仅三相电源输入规格品有此功能)	在Pr.872的输入缺相保护选择里设定功能为有效(Pr.872=1),且三相电源输入中有一相缺相时停止输出。当三相电源输入的相间电压不平衡过大时,可能会动作	(1)用于三相电源的输入电缆是否断线; (2)三相电源输入的相间电压不平衡是否过大	(1)正确接线; (2)对断线部位进行修复; (3)确认Pr.872输入缺相保护选择的设定值; (4)当三相输入电压不平衡较大时,设定Pr.872=0(无输入缺相保护)

续表三

故障代码	名称	内容	检查要点	处理方法
E. OLT	失速防止	因失速防止动作使得输出频率降低到 1 Hz 时，经过 3 s 后将显示报警（E. OLT），并停止变频器的输出。失速防止动作中为 OL	电动机是否在过载状态下使用	减轻负载（确认 Pr. 22 失速防止动作水平的设定值）
E. BE	制动晶体管异常检测	在电动机的再生能量明显增大等情况下时，若检测到制动晶体管异常，应停止变频器的输出。此时，请务必迅速切断变频器的电源	（1）负载惯性是否过大； （2）制动的使用频率是否合适	更换变频器
E. GF	启动时输出侧接地过电流	在启动时，当变频器的输出侧（负载侧）发生接地，产生接地过电流时，停止变频器输出。通过 Pr. 249 启动时，接地检测选择设定有无保护功能	电动机、连接线是否接地	排除接地的地方
E. LF	输出缺相	当变频器输出侧（负载侧）的三相（U、V、W）中有一相缺相时，停止变频器输出。通过 Pr. 251 输出缺相保护选择设定有无保护功能	（1）确认接线是否正确（电动机是否正常）； （2）是否使用了比变频器容量小的电动机	（1）正确接线； （2）确认 Pr. 251 输出缺相保护选择的设定值
E. OHT	外部热继电器动作	为防止电动机过热，当安装在外部的热敏继电器或电动机内部安装的温度继电器动作（接点打开）时，停止变频器输出。当 Pr. 178～Pr. 182（输入端子功能选择）中的任意一个设定为 7（OH 信号）时，该保护功能有效。初始状态（无 OH 信号分配）下该保护功能无效	（1）电动机是否过热； （2）是否将 Pr. 178～Pr. 182（输入端子功能选择）中的任意一个设定为 7（OH 信号）	（1）降低负载和运行频率； （2）即使继电器接点自动复位，只要变频器不复位，变频器就不会再启动

续表四

故障代码	名称	内容	检查要点	处理方法
E. PTC	PTC 热敏电阻动作	当端子 2～10 间连接的 PTC 热敏电阻的电阻值超过 Pr. 561 PTC 热敏电阻保护水平时，停止变频器的输出。当 Pr. 561 设定为初始值 (Pr. 561＝9999) 时，该保护功能无效	（1）确认与 PTC 热敏电阻的连接；（2）确认 Pr. 561 PTC 热敏电阻保护功能的设定值；（3）电动机是否在过载状态下运行	减轻负载
E. PE	参数存储元件异常（控制电路板）	存储的参数发生异常（EEPROM 故障）	参数写入次数是否过多	与经销商或厂家联系。当用通信方法频繁进行参数写入时，把 Pr. 342 设定为 1（RAM 写入）。但因为是 RAM 写入方式，所以一旦切断电源，就会恢复到 RAM 写入以前的状态
E. PUE	PU 脱离	（1）当 Pr. 75 复位选择/PU 脱离检测/PU 停止选择的设定值设为 2、3、16 或 17 时，如果取下参数单元（FR - PU04 - CH/FR - PU07），本体与 PU 的通信中断，则变频器停止输出；（2）通过 PU 接口进行 RS - 485 通信时，若 Pr. 121 PU 通信再试次数≠9999，且连续通信错误发生次数超过允许再试次数，则变频器停止输出；（3）当通过 PU 接口进行 RS - 485 通信时，在 Pr. 122 PU 通信校验时间间隔中设定的时间内，通信中途切断时变频器也将停止输出	（1）参数单元电缆连接是否良好；（2）确认 Pr. 75 的设定值；（3）RS - 485 通信数据是否正确，通信相关参数的设定和计算机的通信设定是否一致；（4）是否在 Pr. 122 PU 通信校验时间间隔中设定的时间内从计算机发送数据	（1）接好参数单元电缆；（2）确认通信数据和通信设定；（3）增大 Pr. 122 PU 通信校验时间间隔的设定值，或者将 Pr. 122 PU 通信校验时间间隔设定为 9999（无通信校验）

故障代码	名称	内容	检查要点	处理方法
E. RET	再试次数溢出	如果在设定的再试次数内不能恢复正常运行，则变频器停止输出。当 Pr.67 报警发生且再试次数有设定时，该保护功能有效。设定为初始值（Pr.67＝0）时该保护功能无效	调查异常发生的原因	处理当前显示错误的前一个错误
E. CPU	CPU 错误	当内置 CPU 发生通信异常时，变频器停止输出	变频器周围是否有大噪声干扰设备	当变频器周围有大噪声干扰设备时，采取抗噪声干扰措施，或与经销商或厂家联系
E. CDO	超过输出电流检测值	输出电流超过了 Pr.150 输出电流检测水平中设定的值时启动	确定 Pr.150、Pr.151、Pr.166、Pr.167 输出电流的设定值	确认 Pr.150 输出电流检测水平、Pr.151 输出电流检测信号迟延时间、Pr.166 输出电流检测信号保持时间、Pr.167 输出电流检测动作选择的设定值
E. IOH	浪涌电流抑制电路异常	当浪涌电流抑制电路的电阻过热时，变频器停止输出。浪涌电流抑制电路的故障	是否反复进行了电源的 ON/OFF 操作	重新组织电路，避免频繁进行 ON/OFF 操作。如采取了以上措施仍未改善，则与经销商或厂家联系
E. AIE	模拟输入异常	端子 4 设定为电流输入，当输入 30 mA 及以上的电流或有电压输入（7.5 V 及以上）时显示	确认 Pr.267 端子 4 输入选择以及电压/电流输入切换开关的设定值	电流输入指定为频率指令，或将 Pr.267 端子 4 输入选择以及电压/电流输入切换开关设定为电压输入

注：① 使用 FR－PU04－CH 时，如果 E. ILF、E. AIE、E. IOH、E. PTC、E. CDO 的保护功能发生了动作，则显示"Fault. 14"。另外，通过 FR－PU04－CH 确认报警历史记录时的显示为"Fault. 14"。

② 如果出现了上述之外的显示，请与经销商或厂家联系。

2. 保护功能的复位方法

执行下列操作中的任意一项均可复位变频器。注意：复位变频器时，电子过电流保护器内部的热累计值和再试次数将被清零，复位所需时间约为 1 s。

操作方法一：通过操作面板，按下 ⊙STOP/RESET 键复位变频器（只在变频器保护功能重故障动作时才可操作）。

操作方法二：断开（OFF）电源，再恢复通电。

操作方法三：接通复位信号(RES) 0.1 s 以上(RES 信号保持 ON 时，显示"Err"闪烁，指示正处于复位状态)。

5.3.2 变频器的检查与维护

变频器是以半导体器件为中心构成的静止机器。为了防止由于温度、湿度、尘埃和振动等使用环境的影响，以及使用零件的老化、使用寿命等造成的故障，必须对变频器进行检查与维护。对变频器进行的检查与维护包括日常检查、定期检查及定期更换零件。

1. 日常检查

日常检查的主要目的是尽早发现异常现象，清除尘埃、紧固部件、排除故障隐患等。在通用变频器的运行过程中，可以从设备外部通过目测检查运行状况有无异常，通过键盘面板转换键盘查阅变频器的运行参数，如输出电压、输出电流、输出转矩、电动机转速等。掌握变频器日常运行值的范围，以便及时发现变频器及电动机的问题。

日常检查包括不停止通用变频器运行或不拆卸其盖板进行通电和启动试验，通过目测通用变频器的运行状况确认有无异常情况，通常检查内容如下：

(1) 键盘面板显示是否正常，有无缺少字符。仪表指示是否正确，是否有振动、振荡等现象。

(2) 冷却风扇部分是否运转正常，是否有异常声音等。

(3) 变频器及引出电缆是否有过热、变色、变形、异味、噪声、振动等异常情况。

(4) 变频器的周围环境是否符合标准规范，温度与湿度是否正常。

(5) 变频器的散热器温度是否正常，电动机是否有过热、异味、噪声、振动等异常情况。

(6) 变频器控制系统是否有集聚尘埃的情况。

(7) 变频器控制系统的各连线及外围电器元件是否有松动等异常现象。

(8) 变频器的进线电源是否异常，电源开关是否有电火花、缺相，引线压接螺栓是否松动，电压是否正常。

变频器属于静止电源型设备，其核心部件基本上可以视为免维护的。在调试工作正常完成、经过试运行确认系统的硬件和功能都正常以后，在日常的运行中可能引起系统失效的因素主要是操作失当、散热条件变化以及部分损耗件的老化和磨损。

对于常见的操作失当，在设计中应该通过控制逻辑加以防范。对于个别操作人员的偶然性操作不当，通过对操作规范的逐步熟悉也会逐渐减少。

散热条件的变化主要是由粉尘、油雾等吸附在逆变器和整流器的散热片以及印制电路板表面，使这些部件的散热能力降低所致的。印制电路板表面的积污还会降低表面绝缘性，造成电气故障的隐患。此外，柜体散热风机或者空调设备的故障以及变频器内部散热风机的故障会对变频器散热条件产生严重的影响。

在日常运行维护中，每次运行前都应该对柜体风机、变频器散热风机以及柜用空调是否正常工作进行直观检查，发现问题应进行处理。运行期间，应该不定期地检查变频器散热片的温度，通过数字面板上的相关参数可以完成这个检查。如果在同样负载情况以及同样环境温度下温度高于往常温度，则很可能是散热条件发生了变化，要及时查明原因。

经常检查变频器的输出电流，如果输出电流在同样工况下高于平时，也应及时查明原因。主要原因有机械设备方面的因素、电动机方面的因素、变频器设置被更改或者变频器隐性故障等。对于监视参数中没有散热片温度或者类似参数的变频器，可以将预警温度值设置得低于默认值，观察有无预警报警信号，此时应将预警发生后变频器的动作方式设置为继续运行。

振动通常是由电动机的脉动转矩及机械系统的共振引起的，特别是当脉动转矩与机械共振点恰好一致时更为严重。振动是对变频器的电子器件造成机械损伤的主要原因。对于振动冲击较大的场合，应在保证控制精度的前提下，调整变频器的输出频率和载波频率，尽量减小脉冲转矩，或通过调试确认机械共振点，利用变频器的跳跃频率功能使共振点排除在运行范围之外。除此之外，还可采用橡胶垫避震等措施。

潮湿、腐蚀性气体及尘埃等将造成电子器件生锈、接触不良、绝缘性降低，甚至形成短路故障。作为防范措施，必要时可对控制电路板进行防腐、防尘处理，并尽量采用封闭式开关柜结构。

温度是影响变频器电子器件的寿命及可靠性的重要因素。特别是半导体开关器件，若温度超过规定值，则立刻造成器件损坏。因此，应根据装置要求的环境条件使通风装置运行流畅并避免太阳直射。另外，因为变频器的输出波形中含有谐波，所以会不同程度地增加电动机的功率损耗，再加上电动机在低速运行时冷却能力下降，将造成电动机过热。如果电动机有过热现象，则应对电动机进行强制冷却通风或限制运行范围，避开低速区。对于一些特殊的高寒场合，为防止变频器的微处理器因温度过低而不能正常工作，应采取设置空间加热器等必要措施。如果现场的海拔高度超过 1000 m，则气压降低，空气会变稀薄，将影响变频器散热，系统冷却效果降低，因此需要注意负载率的变化。一般地，海拔高度每升高 1000 m，应将负载电流下降 10%。

引起电源异常的原因有很多，如配电线路因风、雪、雷击等自然因素；有时也因为同一供电系统内，其他地点出现对地短路及相间短路；附近有直接启动的大容量电动机及电热设备等引起电压波动。由自然因素造成的电源异常因地域和季节有很大差异。除电压波动外，有些电网或自发电供电系统也会出现频率波动，并且这些现象有时在短时间内重复出现。如果经常发生因附近设备投入运行时造成电压降低，则应使变频器的供电系统与之分离，减小相互之间的影响。对于要求瞬时停电后仍能继续运行的场合，除选择合适规格的变频器外，还应预先考虑负载电动机的降速比例。当电压恢复后，通过速度追踪和测速电动机的检测来防止再加速中的过电流。对于要求必须连续运行的设备，要对变频器加装自切换的连续供电电源装置。对于维护保养工作，应注意检查电源开关的接线端子、引线外观及电压是否有异常，如果有异常，则应根据上述内容判断或排除故障。雷击或感应雷击形成的冲击电压有时能造成变频器的损坏。此外，若电源系统变压器一次侧带有真空断路器，则当断路器通断时也会产生较高的冲击电压，并耦合到二次侧形成很高的电压尖峰。为防止因冲击电压造成过电压损坏，通常需要在变频器的输入端加装压敏电阻等吸收器件，保证输入电压不高于变频器主回路器件所允许的最大电压。因此，维护保养时还应试验过电压保护装置是否正常。

一般来讲，在运行过程中应检查是否存在下述异常：

(1)电动机是否按设定正常运行。

(2)安装环境是否异常。

(3)冷却系统是否异常。

(4)是否有异常振动或异常声音。

(5)是否出现异常过热或变色。

(6)变频器的输入电压是否正常(运行中通常用万用表测定)。

(7)变频器是否清洁(如不够清洁,请用柔软布料浸蘸中性洗涤剂或乙醇轻轻地擦去脏污)。

2. 定期检查

当变频器需要做定期检查时,待变频器停止运行后切断电源,打开机壳后进行。但必须注意,变频器即使切断了电源,主电路直流部分滤波电容器放电也需要时间,须要待充电指示灯熄灭后,用万用表等确认直流电压已降到安全电压(DC25V以下),然后再进行检查。运行期间应定期(例如每3个月或1年)停机检查以下项目:

(1)功率元器件、印刷电路板、散热片等表面有无粉尘、油雾吸附,有无腐蚀及锈蚀现象。有粉尘吸附时可用压缩空气吹扫,散热片有油雾吸附可用清洗剂清洗,出现腐蚀和锈蚀现象时要采取防潮防蚀措施,严重时要更换受蚀部件。

(2)检查滤波电容和印制电路板上电解电容有无鼓起变形现象,有条件时可测定实际电容值。当出现鼓起变形现象或者实际电容量低于标称值的85%时,要更换电容器。更换的电容器的电容量、耐压等级以及外形和连接尺寸要与原部件的一致。

(3)散热风机和滤波电容器属于变频器的损耗件,有定期强制更换的要求。散热风机的更换标准通常是正常运行3年,或者风机累计运行15 000 h。若能够保证每班检查风机运行状况,也可以在检查发现异常时再更换。当变频器使用的是标准规格的散热风机时,只要风机的功率、尺寸和额定电压与原部件的一致就可以使用。当变频器使用的是专用散热风机时,应向变频器厂家订购备件。滤波电容器的更换标准通常是正常运行5年,或者变频器累计通电时间为30 000 h。有条件时,也可以在检测到实际电容量低于标称值的85%时更换。

一般地,变频器的定期检查应一年进行一次,绝缘电阻的检查可以三年进行一次。变频器是由多种部件组装而成的,某些部件经长期使用后,性能降低、劣化,这是故障发生的主要原因。为了保证安全生产,某些部件必须及时更换。变频器定期检查的目的主要就是根据键盘面板上显示的维护信息估算零部件的使用寿命,以便及时更换元器件。

必须停机才能检查到的内容以及要求定期检查的内容如下:

(1)冷却系统是否异常(如存在异常,请清扫空气过滤器等)。

(2)螺钉和螺栓等部部位是否拧紧(由于振动、温度变化等因素,螺钉和螺栓等部位很容易松动,应检查它们是否拧紧,并且必要时须加固。另外,拧紧时请按照规定的紧固转矩进行)。

(3)导体和绝缘物质是否有腐蚀或损坏。

(4)用绝缘电阻表测试绝缘电阻。

(5)检查或更换冷却风扇、继电器。

日常检查和定期检查的项目及方法见表5.8所示。

表5.8 日常检查和定期检查的项目及方法

检查位置	检查项目	检查事项	日常	定期 1年	定期 2年	检查方法	判定标准	使用工具
全部	周围环境	周围温度、湿度、灰尘污垢等	√			视觉和听觉	温度：−10℃～50℃（不结冰）；湿度：90％或以下（无结露）	温度计、湿度计、记录仪
	全部装置	是否有不正常的振动和噪声	√			视觉和听觉	没有异常	—
	电源电压	主电路电压是否正常	√			测量变频器主电路端子间的电压	在允许电压波动范围以内	万用表、数字多用仪表
主电路	全部	（1）用绝缘电阻表检查主电路端子和接地端子的电阻；（2）螺钉是否松动；（3）元器件是否过热；（4）是否清洁		√ √ √	√	（1）测量变频器端子 L、U、V、W 间的电阻及与接地端子间的电阻；（2）检查紧固件；（3）视觉检查	（1）5MΩ 以上；（2）无异常；（3）无异常	500V 绝缘电阻表
	连接导体电缆	（1）导体是否歪斜；（2）导线外侧是否破损		√ √		视觉检查	无异常	—
	端子排	是否损伤		√		视觉检查	视觉检查	—
	逆变整流模块	检查端子间电阻			√	变频器端子 L 与 P、N 以及 U、V、W 与 P、N 间用万用表 R×100 Ω 挡测量	—	指针式万用表
	继电器	（1）检查运行时是否有"咔哒"声；（2）检查触点表面是否粗糙		√ √		听觉和视觉检查	无异常	—

续表

检查位置	检查项目	检查事项	检查周期			检查方法	判定标准	使用工具
			日常	定期				
				1年	2年			
主电路	电阻	(1) 检查电阻绝缘是否有裂痕； (2) 是否有断线		√ √		(1) 视觉检查水泥电阻、绕线电阻绝缘； (2) 拆下连接的一侧，用万用表测量	(1) 无异常； (2) 偏差在标称阻值±10%以内	万用表、数字多用仪表
控制电路保护电路	动作检查	(1) 变频器单独运行时，各相输出电压是否平衡； (2) 进行顺序保护动作试验，检查保护电路是否异常		√ √		(1) 测量变频器输出侧端子U、V、W间的电压； (2) 模拟地将变频器的保护回路输出短路或断开	(1) 相间电压平衡值为400 V时，允许相间电压在8 V以内； (2) 程序上应有异常动作	数字多用仪表、整流型电压表
冷却系统	冷却风扇	(1) 是否有异常振动和噪声； (2) 连接部件是否松动	√	√		(1) 不通电时，用手拨动旋转； (2) 检查固定	没有异常振动和噪声	—
显示	显示	(1) LED的显示是否有断点； (2) 是否清洁	√	√		(1) 盘面上的指示灯； (2) 视觉检查（碎棉纱清扫）	确认能发光	
	仪表	读出值是否正常	√			确认盘面指示仪表的值	满足规定值和管理值	电压表、电流表
电动机	常规	(1) 是否有异常振动和噪声； (2) 是否有异味	√ √			(1) 听觉、感觉及视觉检查； (2) 嗅觉检查（因过热、损伤产生气味）	无异常	—
	绝缘电阻	用绝缘电阻表检查所有端子和接地端子之间的绝缘电阻			√	拆下U、V、W的连接线，包括电动机接线	5 MΩ以上	500 V绝缘电阻表

3. 定期更换零件

变频器由半导体器件构成的电子零件组成，其部分零件由于构成或物理特性的原因，在一定的时期内会发生老化而降低变频器的性能，甚至引起故障。因此为了保障变频器正常工作，需要定期更换零件，见表 5.9 所示。

表 5.9　需要定期更换的零件

零件名称	标准更换周期	说　明
冷却风扇	2～3 年	更换新品(检查后决定)
主电路平波电容器	10 年	更换新品(检查后决定)
控制电路平波电容器	10 年	更换新电路板(检查后决定)
继电器	—	检查后决定

5.3.3　变频器其他故障的处理

变频器常见的故障类型主要有过电流、过电压、欠电压、短路、接地、电源缺相、过热、过载、CPU 异常、通信异常等。变频器有比较完善的自我诊断、保护及报警功能，发生这些故障时，变频器会自动停机或立即报警，显示故障代码，一般情况下可以根据故障代码找到故障原因并进行排除。不过，除此之外，变频器还有一部分故障，面板不显示也不报警，需要根据工作人员的经验进行排除，这类故障的现象及排除方法如下。

1. 电动机发出异常声音

(1) 没有载频率音(金属音)，初始状态下利用 Pr.72 PWM 频率选择设定可以进行 Soft-PWM 控制，将电动机音变为复合音色。改变电动机音时需调整 Pr.72 PWM 频率选择。

(2) 确认有无机械晃动音。

(3) 咨询电动机的生产厂家。

2. 电动机异常发热

(1) 变频器输出电压(U、V、W)是否平衡。

(2) 是否设定了电动机的类别(确认 Pr.71 适用电动机的设定值)。

(3) 电动机风扇是否动作(是否有异物、灰尘堵塞)。

(4) Pr.0 转矩提升的设定是否恰当。

(5) 负载是否过重(若负载过重，则减轻负载)。

3. 电动机旋转方向相反

(1) 输出端子 U、V、W 的相序是否正确。

(2) 启动信号(正转、反转)时连接是否正确。

(3) Pr.40 RUN 键旋转方向选择的设定是否恰当。

4. 电动机不启动

(1) U/f 控制时，确认 Pr.0 转矩提升的设定值。

（2）检查主电路，具体如下：

① 电动机是否正确连接。

② 使用的电源电压是否适当。

③ 端子 P、P1 间的短路片是否脱落。

（3）检查输入信号，具体如下：

① 启动信号是否输入。

② 正转和反转启动信号是否均被输入。

③ 当频率设定使用端子 4 时，检查 AU 信号是否接通。

④ 频率指令是否为零（频率指令为零时输入启动指令，操作面板上 RUN 指示灯将闪烁）。

⑤ 漏型、源型的跨接器是否连接牢固。

⑥ 输出停止信号（MRS）或复位信号（RES）是否处于 ON 状态。

⑦ S1 – SC 间、S2 – SC 间的短路用电线是否拆除。

（4）检查参数的设定，具体如下：

① Pr.79 运行模式选择的设定是否正确。

② Pr.78 逆转防止选择是否已设定。

③ Pr.13 启动频率的设定值是否大于运行频率。

④ 偏置、增益（校正参数 C2～C7）的设定是否正确。

⑤ 各种运行频率（多段速运行等）的频率设定是否为零。

⑥ 点动运行时，Pr.15 点动运行频率的值是否比 Pr.13 启动频率的值低。

⑦ Pr.1 上限频率是否为零。

⑧ Pr.551 所选择的操作权是否恰当（如参数单元连接时不可从操作面板写入）。

（5）检查负载，具体如下：

① 检查负载是否过重。

② 检查轴是否被锁定。

（6）检查操作面板显示是否为错误内容。

5. 电动机旋转速度与设定值相差过大

（1）频率设定号是否正确（测量输入信号水平）。

（2）Pr.1、Pr.2、Pr.19、Pr.245、Pr.125、Pr.126、C2～C7 的设定是否恰当。

（3）输入信号线是否受到外部噪声的干扰（使用屏蔽电缆）。

（4）负载是否过重。

（5）Pr.31～Pr.36（频率跳变）的设定是否恰当。

6. 加减速不平稳

（1）负载是否过重。

（2）加减速时间的设定值是否太短。

（3）U/f 控制时，是否由于转矩提升（Pr.0、Pr.46）的设定值过大，使失速功能发生了动作。

7. 电动机电流过大

（1）负载是否过重。

（2）Pr.3 基底频率的设定是否恰当。

（3）Pr.0 转矩提升的设定是否恰当。

（4）Pr.14 适用负载选择的设定是否恰当。

（5）Pr.19 基准频率电压的设定是否恰当。

8. 转速无法提升

（1）负载是否过重（搅拌器等在冬季时负载可能过重）。

（2）Pr.1 上限频率的设定值是否正确（如果最高频率达到 120 Hz 或以上，则需要设定 Pr.18 高速上限频率）。

（3）制动电阻器应接在端子 P/＋-PR，检查其是否错误连接了端子 P/＋-P1 或 P1-PR。

（4）U/f 控制时，是否由于转矩提升（Pr.0、Pr.46）的设定值过大，使失速功能发生了动作。

9. 参数不能写入

（1）是否在运行中（信号 STF、STR 处于 ON）。

（2）是否在外部运行模式下进行的参数设定。

（3）确认 Pr.77 参数写入选择是否恰当。

（4）确认 Pr.161 频率设定/键盘锁定操作选择是否恰当。

（5）确认 Pr.551 所选择的操作权是否恰当。

10. 操作面板不显示

（1）确认接线、安装是否牢固。

（2）确认端子 P、P1 间的短路片安装是否牢固。

5.3.4　变频器的防尘

变频器在工作时产生的热量靠自身的风扇强制制冷。当空气通过散热通道时，空气中的尘埃容易附着或堆积在变频器内的电子元件上，从而影响散热。当温度超过允许工作点时，会造成跳闸，严重时会缩短变频器的寿命。在变频器内电子元件与风道无隔离的情况下，由尘埃引起的故障更为普遍，因此，变频器的防尘问题应引起重视。下面介绍几种常用的防尘措施。

1. 选用防尘能力较强的变频器

市场上变频器的型号很多，选择时，除了考虑价格和性能，还应考虑变频器对环境的适应性。有些变频器没有冷却风机，靠其壳体在空气中自然散热。与风冷式变频器相比，尽管没有冷却风机的变频器的体积较大，但器件密封性能好，不受粉尘影响，维护简单，故障率低，工作寿命长，特别适合于在有腐蚀性工业气体和粉尘的场合使用。

2. 设计专门的变频器室

当使用的变频器功率较大或数量较多时，可以设计专门的变频器室，这样便于统一管理，有利于检查维护。房间的门窗和电缆穿墙孔要求密封，防止粉尘侵入；要设计空气过滤装置和循环通道，以保持室内空气正常流通；保证室内温度在 40℃ 以下。

3. 将变频器安装在设有风机和过滤装置的柜子里

当用户没有条件设立专门的变频器室时，可以考虑制作变频器防尘柜。设计的风机和过滤网要保证柜内有足够的空气流量。用户要定期检查风机，清除过滤网上的灰尘，防止因通风量不足而使温度增高以致超过规定值。

4. 减少变频器的空载运行时间

一般地，在工业生产过程中，变频器需要经常接通电源，通过变频器的"正转/反转/公共端"控制端子(或控制面板上的按键)来控制电动机的启动/停止和旋转方向。一些设备可能时开时停，变频器空载时风扇仍在运行，会吸附粉尘，因此应尽量减少变频器的空载时间，以降低粉尘对变频器的影响。

5. 建立定期除尘制度

用户应根据粉尘对变频器的影响情况确定定期除尘的时间间隔。除尘可以采用电动吸尘器或压缩空气吹扫。除尘之后，还要注意检查变频器风机的转动情况，检查电气连接点是否松动、发热。

项 目 小 结

本项目主要介绍了变频器的选择、安装环境要求、变频器控制柜设计、安装方式、变频器使用注意事项及故障处理与检查维护等方面基础知识。变频器的选择主要由电压、频率、使用目的、要驱动电动机的容量和数量等方面来决定。

变频器的正确安装是变频器正常发挥作用的基础。安装变频器时主要考虑变频器安装环境的温度、湿度、尘埃、油雾、腐蚀性气体、易燃易爆性气体、海拔高度、振动和变频器安装的方向和空间等。

变频器的日常检查一般使用耳听、目测、触感和气味等方法。变频器的定期维护与保养内容有除尘，电路的主要参数、外围电路和设施的检查等。

当变频器发生故障时，通常将检修重点放在主电路和微处理器后的接口电路。由于变频器有比较完善的自我诊断功能、保护功能和报警功能，熟悉变频器的常见故障对正确使用和维修变频器是很重要的。

技能训练 6 变频器的故障检查

1. 实训目的

(1) 能正确识别三菱 FR - A740 变频器中的电力半导体器件。

(2) 能掌握变频器中常用电力半导体器件的检测方法。

(3) 形成遵纪守法、严格遵守国家标准和行业规范的意识；

(4) 形成团队精神、合作意识和创新创造能力。

2. 实训准备

实训设备及工具材料如表 5.10 所示。

表 5.10 实训设备及工具材料

序号	分类	名　称	型号规格	数量	单位	备注
1	工具	电工常用工具	—	1	套	—
2	仪表	万用表	MF47 型（自定）	1	块	—
3	设备器材	变频器	FR - A740 0.75K 或自定	1	台	识别
4		电力半导体器件	整流模块、逆变模块（型号自定）	若干	个	检测

3. 实训内容

1）变频器中电力半导体器件的识别

在教师的指导下，对拆下操作面板和盖板后的变频器上的电力半导体器件进行识别。变频器中的电力半导体器件如图 5.3 所示。

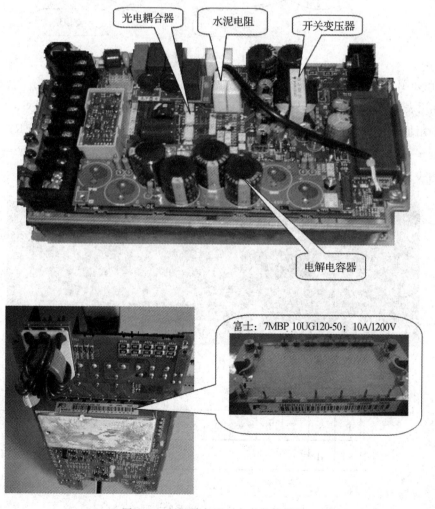

图 5.3 变频器中的电力半导体器件

2）常用电力半导体器件的检测

（1）整流模块在线检测。检测方法和步骤如下：

① 准备测试用的一块万用表和一套电工常用工具。

② 拆下变频器与外部连接的电源线（R、S、T）和电动机线（U、V、W）。拆下与外部连接的电源线和电动机线后的主电路简化图如图 5.4 所示。

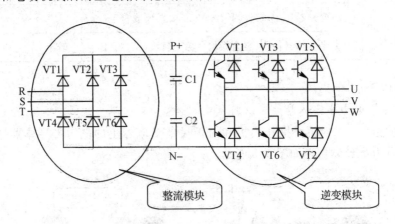

图 5.4　主电路简化图

③ 在如图 5.5 所示的变频器的主回路端子中找到变频器内直流电源的 P＋端和 N－端，将万用表调到 $R \times 10\Omega$ 电阻挡，红表笔接到 P＋端，黑表笔依次接到 R、S、T，应该有几十欧的阻值，且基本平衡；相反地，将黑表笔接到 P＋端，红表笔依次接到 R、S、T，有一个接近于无穷大的阻值。将红表笔接到 N－端，重复以上步骤，应得到相同的结果。整流模块检测表见表 5.11 所示。

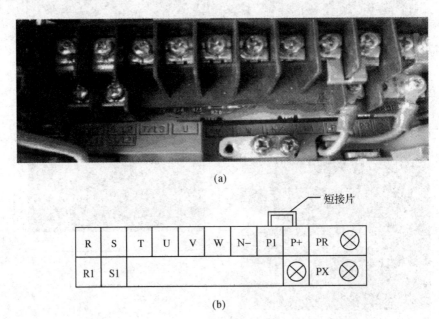

(a)

(b)

图 5.5　三菱 FR－A740 变频器的主回路端子图

（a）主回路端子外形图；（b）主回路端子示意图

表 5.11　整流模块检测表

整流二极管	万用表极性＋	万用表极性－	测量结果	整流二极管	万用表极性＋	万用表极性－	测量结果
VD1	R	P＋	通	VD4	R	N－	不通
VD1	P＋	R	不通	VD4	N－	R	通
VD2	S	P＋	通	VD5	S	N－	不通
VD2	P＋	S	不通	VD5	N－	S	通
VD3	T	P＋	通	VD6	T	N－	不通
VD3	P＋	T	不通	VD6	N－	T	通

④ 如果出现以下结果，则可以判定电路已出现异常：阻值三相不平衡，说明整流桥有故障；红表笔接 P＋端时，电阻为无穷大，可以断定整流桥故障或限流电阻出现故障。

操作提示：必须确认主回路滤波电解电容放电完毕后才能进行测量；受主回路电解电容的影响，测量时应等万用表指示值稳定后再读数。

（2）逆变模块在线检测。检测的方法及步骤是，将红表笔接到 P＋端，黑表笔依次接到 U、V、W 上，应该有几十欧的阻值，且各相阻值基本相同；相反地，将黑表笔接到 P＋端，红表笔依次接到 U、V、W，有一个接近于无穷大的限值。将黑表笔接 N－端，重复以上步骤应得到相同结果，否则可确定逆变模块有故障。逆变模块检测表如表 5.12 所示。

表 5.12　逆变模块检测表

逆变管	万用表极性＋	万用表极性－	测量结果	逆变管	万用表极性＋	万用表极性－	测量结果
VT1	U	P＋	通	VT4	U	N－	不通
VT1	P＋	U	不通	VT4	N－	U	通
VT3	V	P＋	通	VT6	V	N－	不通
VT3	P＋	V	不通	VT6	N－	V	通
VT5	W	P＋	通	VT2	W	N－	不通
VT5	P＋	W	不通	VT2	N－	W	通

操作提示：用上述方法检测逆变模块只能初步认为逆变模块正常，但还不能完全确定。逆变模块一旦查出损坏，就不能再通电，以免产生不良后果。

3）IGBT 管的检测

IGBT 管的极性与好坏检测见表 5.13 所示。

表 5.13　IGBT 管的极性与好坏检测

检测项目	仪表		方法及步骤
判断极性	MF47 型指针式万用表	栅极(G)	将万用表拨到 $R\times 1k\Omega$ 挡，测量某一极与其他两极阻值为无穷大，对调表笔后该极与其他两极的阻值仍为无穷大，可判断此极为栅极(G)
		集电极(C)、发射极(E)	其余两极若测得阻值为无穷大，对调表笔后测量阻值较小。在测量阻值较小的一次中，则可判定红表笔所接的是集电极(C)，黑表笔接的为发射极(E)
判断好坏		IGBT 正常情况	将万用表拨到 $R\times 10k\Omega$ 挡，用黑表笔接集电极(C)，红表笔接发射极(E)，此时万用表的指针指在无穷大位置；用手指同时触及一下栅极(G)和集电极(C)，这时 IGBT 被触发导通，万用表的指针摆向阻值较小的方向，并指示在某一位置；然后再用手指同时触及一下栅极(G)和发射极(E)，这时 IGBT 被阻断，万用表的指针回到无穷大位置，此时可判断 IGBT 是好的
		IGBT 异常情况	若测得 IGBT 管三个引脚间电阻均很小，则说明该管已被击穿；若测得 IGBT 管三个引脚间电阻均为无穷大，说明该管已开路

　　操作提示：用指针式万用表判断 IGBT 管好坏时，应将万用表拨到 $R\times 10k\Omega$ 挡，否则因其他各挡的内部电池电压太低，无法正确判断 IGBT 管的好坏；上述方法也可以用于检测功率场效应晶体管(P – MOSFET)的好坏。

　　4）检查测评

　　对实训内容的完成情况进行检查，并将结果填入表 5.14 中。

表 5.14　评分标准

项目内容	考核要求	评分标准	配分	扣分	得分
认识元器件	正确识别整流模块和逆变模块	识读有 1 处错误扣 5 分；识读错误超过 2 处本项不得分	20		
整流模块在线检测	检测方法及步骤正确	检测方法不正确 1 处扣 5 分；检测结果错误本项不得分	25		
逆变模块在线检测	检测方法及步骤正确	检测方法不正确 1 处扣 5 分；检测结果错误本项不得分	25		
IGBT 管的检测	检测方法及步骤正确	检测方法不正确 1 处扣 2 分；检测结果错误本项不得分	20		
安全文明生产	劳动保护用品穿戴整齐；电工工具佩带齐全；遵守操作规程	(1) 违反安全文明生产考核要求的任何一项扣 2 分，扣完为止；(2) 当考评员发现考生有重大事故隐患时，要立即予以制止，并停止操作，扣安全文明生产分 10 分	10		
合计					
工时定额 30 min		开始时间：		结束时间：	

思考与练习题

1. 常见变频器的类型及特点有哪些？

2. 变频器容量选择的原则有哪些？

3. 某加热炉鼓风机数据如下：额定功率为 60 kW，额定电流为 98.5 A，转速为 1440 r/min，工频运行时的实际工作电流为 94 A，$K_2 = 1.2$，请选择合适的变频器容量。

4. 影响变频器安装的环境因素主要有哪些？

5. 变频器的安装方式有哪些？

6. 变频器使用注意事项是什么？

7. 常见的变频器保护功能有哪些？

8. 简述变频器运行的环境条件。

9. 变频器日常检查和定期检查项目有哪些？

10. 列举变频器的防尘措施。

项目六 变频器在典型工业控制系统中的应用

🎯 **学习目标**

(1) 掌握变频器在风机中的应用；
(2) 掌握变频器在小型货物升降机中的应用；
(3) 掌握变频器在恒压供水系统中的应用；
(4) 掌握变频器在中央空调系统中的应用；
(5) 掌握变频器在机床改造中的应用。

💡 **能力目标**

(1) 能够实现变频器在风机中的应用；
(2) 能够实现变频器在小型货物升降机中的应用；
(3) 能够实现变频器在恒压供水系统中的应用；
(4) 能够实现变频器在中央空调系统中的应用；
(5) 能够实现变频器在机床改造中的应用。

变频调速技术是 20 世纪 80 年代发展起来的新技术，具有节能、易操作、便于维护、控制精度高等优点，近年来在多个领域得到了广泛应用。本项目将应用几个实例介绍工业控制系统上如何应用变频器来实现工业控制的目的。

任务1 变频器在风机中的应用
▶▶▶

任务要求：
(1) 了解风机中应用变频器的目的；
(2) 会对变频器调速进行节能分析；
(3) 掌握变频器的容量计算方法；
(4) 掌握风机变频调速控制系统的调试方法。

6.1.1 风机中应用变频器的目的

在工矿企业中，风机设备应用广泛，如锅炉燃烧系统、通风系统和烘干系统等。传统的风机控制是全速运转，即不论生产工艺的需求大小，风机都提供固定数值的风量。而生产工艺往往需要对炉膛压力、风速、风量及温度等指标进行控制和调节，最常用的方法是通过调节风门或挡板开度的大小来调整受控对象，这样就使得能量以风门、挡板的节流损失消耗掉了。统计资料显示,在工业生产中,风机的风门、挡板及其相关设备的节流损失以及维护、维修费用占到生产成本的 7%~25%。这不仅造成大量的能源浪费和设备损耗,而且控制精度受到限制,直接影响产品质量和生产效率。

由于风机属于二次方律负载(二次方律负载指的是转矩与转速的二次方成正比例变化的负载),消耗的电功率与风机转速的三次方成比例,因此,当风机所需风量减小时,可以使用变频器降低风机转速的方法取代风门、挡板控制方案,从而降低电动机功率损耗,达到节能的目的。下面以一个实例比较应用变频器的节能效果。

一台工业锅炉使用的是 22 kW 鼓风机,一天连续运行 24 h,其中 10 h 运行在 90% 负荷(频率按 46 Hz 计算,挡板调节时电动机功率损耗按 98% 计算),14 h 运行在 50% 负荷(频率按 20 Hz 计算,挡板调节时电动机功率损耗按 70% 计算),全年运行时间以 300 天计算,且交流电源频率为 50 Hz。

应用变频调速时每年消耗的电量为

$$W_{b1} = 22 \times 10 \times \left[1 - \left(\frac{46}{50}\right)^3\right] \times 300 \text{ kW} \cdot \text{h} \approx 14\ 606 \text{ kW} \cdot \text{h}$$

$$W_{b2} = 22 \times 14 \times \left[1 - \left(\frac{20}{50}\right)^3\right] \times 300 \text{ kW} \cdot \text{h} \approx 86\ 447 \text{ kW} \cdot \text{h}$$

$$W_b = W_{b1} + W_{b2} = (14\ 606 + 86\ 447) \text{kW} \cdot \text{h} = 101\ 053 \text{ kW} \cdot \text{h}$$

应用挡板调节开度时每年消耗的电量为

$$W_{d1} = 22 \times (1 - 98\%) \times 10 \times 300 \text{ kW} \cdot \text{h} = 1320 \text{ kW} \cdot \text{h}$$

$$W_{d2} = 22 \times (1 - 70\%) \times 14 \times 300 \text{ kW} \cdot \text{h} = 27\ 720 \text{ kW} \cdot \text{h}$$

$$W_d = W_{d1} + W_{d2} = (1320 + 27\ 720) \text{kW} \cdot \text{h} = 29\ 040 \text{ kW} \cdot \text{h}$$

相比较节电量为

$$\Delta W = W_d - W_b = (101\ 053 - 29\ 040) \text{kW} \cdot \text{h} = 72\ 013 \text{ kW} \cdot \text{h}$$

若每 1 kW·h 电按 0.6 元计算,则采用变频调速每年可节约电费为 43 207.8 元。所以推广风机的变频调速具有十分重要的意义。

6.1.2 风机中应用变频器的选择

1. 变频器容量的选择

变频器容量的选择一般根据用户电动机功率通过计算来选择,计算公式如下:

变频器的额定电流≥(1.05~1.1)×电动机的额定电流

由于风机、水泵以某一转速运行时,其阻转矩一般不会发生变化,只要转速不超过额定值,电动机就不会过载,因此,变频器的额定电流只要选择按上述公式计算的最小值即可。

2. 变频器类型的选择

风机、水泵属于二次方律负载,在低速时,阻转矩很小,不存在低频时能否带动的问题,故采用 U/f 控制方式即可。并且从节能的角度,U/f 线可选最低的。多数生产厂家都生产了比较低廉的专用于风机、水泵的变频器,可以选用。

为什么 U/f 线可选最低的?现说明如下:风机的机械特性和有效转矩线如图 6.1 所示,其中曲线 0 是风机二次方律机械特性曲线;曲线 1 为电动机在 U/f 控制方式下转矩补偿为 0 时的有效负载线。当转速为 n_X 时,对应于曲线 0 的负载转矩为 T_{Lx},对应于曲线 1 的有效转

矩为 T_{Mx}。因此，在低频运行时，电动机的转矩与负载转矩相比，具有较大的裕量。为了节能，变频器设置了若干低减 U/f 线，其有效转矩线如图 6.1 中的曲线 2 和曲线 3 所示。

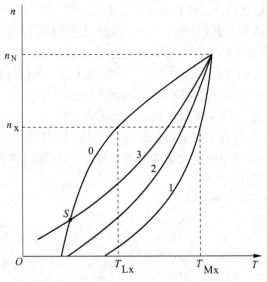

图 6.1　风机的机械特性和有效转矩线

　　在选择低减 U/f 线时，有时会发生难以启动的问题，如图 6.1 中的曲线 0 和曲线 3 相交于 S 点。显然，在 S 点以下，电动机是难以启动的。为此，可采取以下措施：

　　(1) 选择另一低减 U/f 线，例如曲线 2。

　　(2) 适当加大启动频率。

　　在设置变频器的参数时，一定要看清变频器说明书上注明的 U/f 线在出厂时默认的补偿量。一般变频器出厂时设置转矩补偿 U/f 线，即频率 $f_x=0$ 时，补偿电压 U_x 为一定值，以适应低速时需要较大转矩的负载。但这种设置不适合风机负载，因为风机低速时阻转矩很小，即使不补偿，电动机输出的电磁转矩都足以带动负载。为了节能，风机应采用负补偿的 U/f 线，这种曲线是在低速时减少电压 U_x 的曲线，因此也称为低减 U/f 线。如果用户对变频器出厂时设置的转矩补偿 U/f 线不加改变就直接接上风机运行，则节能效果会比较差，甚至在个别情况下，还可能出现低频运行时因励磁电流过大而跳闸的现象。当然若变频器有"自动节能"的功能设置，直接选取即可。

3. 变频器的参数预置

1）上限频率

因为风机的机械特性具有二次方律特性，所以，当转速超过额定转速时，阻转矩将增大很多，容易使电动机和变频器处于过载状态，因此，上限频率 f_H 不应过额定频率 f_N。

2）下限频率

从特性或工作状况来说，风机对下限频率 f_L 没有要求。但当转速太低时，风量太小，在多数情况下无实际意义。一般可预置为 $f_L \geqslant 20$ Hz。

3）加、减速时间

由于风机的惯性很大，若加速时间过短，则容易产生过电流；若减速时间过短，则容易引起过电压。一般风机启动和停止的次数很少，启动和停止时间不会影响正常生产。所以加、减速时间可以设置长些，具体时间可根据风机的容量大小而定。通常是风机容量越大，加、减速时间设置越长。

4）加、减速方式

风机在低速运行时阻转矩很小，随着转速的增高，阻转矩增大得很快；反之，在停机开始时，由于惯性的原因，转速下降较慢。所以，加、减速方式以半S形方式比较适宜，其中，变频器的输出频率在频率上升或下降的开始段和终了段减缓加、减速过程，使加、减速曲线呈S形，称为S形加、减速方式。半S形方式指只有开始段或终了段采用S形方式加、减速。

5）回避频率

风机在较高速运行时，由于阻转矩较大，容易在某一转速下发生机械谐振。当发生机械谐振时，极易造成机械事故或设备损坏，因此必须考虑设置回避频率。可采用试验的方法进行预置，即反复缓慢地在设定的频率范围内进行调节，观察产生谐振的频率范围，然后进行回避频率的设置。

6）启动前的直流制动

为保证电动机在零速状态下启动，许多变频器具有"启动前的直流制动"功能设置。这是因为风机在停机后，其风叶常常因自然风而处于反转状态，如果这时使风机启动，则电动机处于反接制动状态，会产生很大的冲击电流。为避免此类情况出现，要进行"启动前的直流制动"功能设置。

6.1.3 风机中应用变频器的控制电路

一般情况下，风机采用正转控制，所以线路比较简单。但考虑到变频器一旦发生故障，也不能使风机停止工作，应具有将风机由变频运行切换为工频运行的控制功能。

图 6.2 所示为风机变频调速系统的电气原理图。

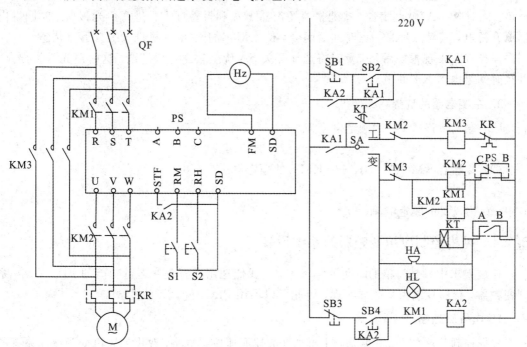

图 6.2 风机变频调速系统的电气原理图

风机变频调速系统的电气原理图说明如下。

1. 主电路

三相工频电源通过空气断路器 QF 接入，接触器 KM1 用于将电源接至变频器的输入端 R、S、T；接触器 KM2 用于将变频器的输出端 U、V、W 接至电动机；接触器 KM3 用于将工频电源直接接至电动机。注意：接触器 KM2 和 KM3 绝对不允许同时接通，否则会损坏变频器，因此，接触器 KM2 和 KM3 之间必须有可靠的互锁。热继电器 KR 用于工频运行时的过载保护。

2. 控制电路

为便于对风机进行"变频运行"和"工频运行"的切换，控制电路采用三位开关 SA 进行选择。

当开关 SA 合至"工频运行"位置时，按下启动按钮 SB2，中间继电器 KA1 动作并自锁，进而使接触器 KM3 动作，电动机进入工频运行状态。按下停止按钮 SB1，中间继电器 KA1 和接触器 KM3 均断电，电动机停止运行。

当开关 SA 合至"变频运行"位置时，按下启动按钮 SB2，中间继电器 KA1 动作并自锁，进而使接触器 KM2 动作，将电动机接至变频器的输出端。接触器 KM2 动作后使接触器 KM1 也动作，将工频电源接至变频器的输入端，并允许电动机启动。同时使连接到接触器 KM3 线圈控制电路中的接触器 KM2 的常闭触点断开，确保接触器 KM3 不能接通。

按下按钮 SB4，中间继电器 KA2 动作，电动机开始加速，进入"变频运行"状态。中间继电器 KA2 动作，停止按钮 SB1 失去作用，以防止直接通过切断变频器电源使电动机停机。

在变频运行中，如果变频器因故障而跳闸，则变频器的"B-C"保护触点断开，接触器 KM1 和 KM2 线圈均断电，其主触点切断了变频器与电源之间以及变频器与电动机之间的连接。同时"B-A"触点闭合，接通报警扬声器 HA 和报警灯 HL 进行声光报警；时间继电器 KT 得电，其触点延时一段时间后闭合，使 KM3 动作，电动机进入工频运行状态。

操作人员发现报警后，应及时将选择开关 SA 旋至"工频运行"位，这时声光报警停止，并且时间继电器 KT 断电。

3. 主要电器的选择

（1）空气断路器 QF 的额定电流为

$$I_{QFN} = (1.3 \sim 1.4) I_N$$

（2）接触器 KM（KM1、KM2、KM3）的额定电流为

$$I_{KN} \geqslant I_N$$

式中，I_N 为风机的额定电流（A）。

6.1.4 风机控制应用变频器的系统设计

控制要求中只是简单的时间及频率控制，我们选用具有程序运行功能的 FR-A540 系列变频器，程序控制由变频器实现，因此可以不用 PLC，降低了改造成本。

1. 电气原理图

根据控制要求在图 6.2 的基础上增加变频器调速控制电路，改进的风机变频调速系统的电气原理图如图 6.3 所示。

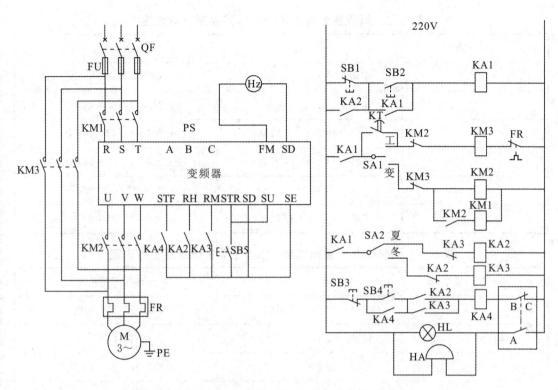

图 6.3　改进的风机变频调速系统的电气原理图

2. 参数设置

本系统参数设置包括基本参数设置、夏季高温期参数设置及春、秋、冬季中低温期参数设置，分别见表 6.1~表 6.3 所示。

表 6.1　风机变频调速系统基本参数设置

功 能 参 数	名　　称	设 定 值	单　位
Pr.1	上限频率	49.5	Hz
Pr.2	下限频率	0	Hz
Pr.3	基底频率	50	Hz
Pr.7	加速时间	20	s
Pr.8	减速时间	30	s
Pr.20	加、减速基准频率	50	Hz
Pr.76	程序运行时间到输出	3	—
Pr.79	运行模式选择	5	—
Pr.200	运行时间单位	3	—
Pr.231	现场基准时间	—	—

表 6.2　风机变频调速系统夏季高温期参数设定

序　号	运　行	参数设定值
1	正转　35 Hz　0 时整	Pr.201＝1　35　0:00
2	正转　43 Hz　7 时整	Pr.202＝1　43　7:00
3	正转　48 Hz　10 时整	Pr.203＝1　48　10:00
4	正转　43 Hz　14 时整	Pr.204＝1　43　14:00
5	正转　40 Hz　18 时整	Pr.205＝1　40　18:00
6	正转　35 Hz　22 时整	Pr.206＝1　35　22:00

表 6.3　风机变频调速系统春、秋、冬季中低温期参数设定

序　号	运　行	参数设定值
1	正转　18 Hz　0 时整	Pr.201＝1　18　0:00
2	正转　23 Hz　7 时整	Pr.202＝1　23　7:00
3	正转　28 Hz　10 时整	Pr.203＝1　28　10:00
4	正转　23 Hz　14 时整	Pr.204＝1　23　14:00
5	正转　21 Hz　18 时整	Pr.205＝1　21　18:00
6	正转　18 Hz　22 时整	Pr.206＝1　18　22:00

3. 调试步骤

调试步骤具体如下：

（1）将开关 SA1 切换到"变频运行"模式；

（2）将开关 SA2 切换到"夏季高温期运行"模式；

（3）按下按钮 SB2，变频器接通电源；

（4）按下按钮 SB5，变频器运行在单组重复状态；

（5）按下按钮 SB4，变频器按照表 6.2 所设定的参数运行；

（6）将开关 SA2 切换到"春、秋、冬季中低温期运行"模式；

（7）重复步骤（3）～（6），变频器按照表 6.3 所设定的参数运行；

（8）按下按钮 SB1，停止运行。

4. 节能分析

本系统使用 30 kW 风机，全年总运行时间为 8640 h，其中夏季高温期为 4 个月，累计时间 $T_1 = 2880$ h，综合运行频率为 43 Hz；春、秋、冬季中低温期为 8 个月，累计时间 $T_2 = 5760$ h，综合运行频率为 23 Hz，交流电源频率为 50 Hz。

改造前无论是何季节，风机以工频运行，全年耗电量为

$$W_g = 30 \times 8640 \ \text{kW} \cdot \text{h} = 259\ 200 \ \text{kW} \cdot \text{h}$$

改造后夏季高温期耗电量 W_{b1}，春、秋、冬季中低温期耗电量 W_{b2} 和全年耗电量分别为

$$W_{b1} = 30 \times 2880 \times \left(\frac{43}{50}\right)^3 \ \text{kW} \cdot \text{h} \approx 54\ 955 \ \text{kW} \cdot \text{h}$$

$$W_{b2} = 30 \times 5760 \times \left(\frac{23}{50}\right)^3 \ \text{kW} \cdot \text{h} \approx 16\ 820 \ \text{kW} \cdot \text{h}$$

$$W_b = W_{b1} + W_{b2} = (54\ 955 + 16\ 820) \text{kW} \cdot \text{h} = 71\ 775 \ \text{kW} \cdot \text{h}$$

改造后节约电量为

$$\Delta W = W_g - W_b = (259\ 200 - 71\ 775) \text{kW} \cdot \text{h} = 187\ 425 \ \text{kW} \cdot \text{h}$$

按 1 kW·h 电 0.6 元计算，采用变频调速每年可节约电费 112 455 元。

任务 2　变频器在小型货物升降机中的应用

任务要求：

（1）了解在小型货物升降机中应用变频器的目的；

（2）掌握在小型货物升降机中应用变频器的工作原理；

（3）掌握在小型货物升降机中应用变频器控制的设计方法。

对传统接触器控制的升降机进行改造，要求利用 PLC 配合变频器进行控制，其基本结构如图 6.4 所示。其中 SQ1～SQ4 可以是行程开关，也可以是限位开关，用于位置检测，起限位作用。

在货物升降过程中，有一个由慢到快再由快到慢的过程，即启动时缓慢加速，达到一定速度后快速运行，当接近终点时，先减速再缓慢停车。因此将图 6.4 中的升降过程划分为三个行程区间，其运行曲线如图 6.5 所示。

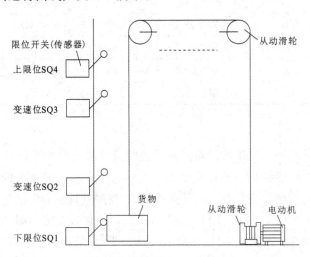

图 6.4　升降机的基本结构

当吊笼位于下限位 SQ1 时，按下上升按钮 SB2，升降机以较低的一速（10 Hz）开始上升，上升到变速位 SQ2 时，升降机以二速（30 Hz）加速上升，上升到变速位 SQ3 时，升降机减速，以一速（10 Hz）运行，直到上升到上限位 SQ4 处停止；当吊笼位于上限位 SQ4 时，按

下下降按钮 SB3，升降机以较低的一速(10 Hz)开始下降，下降到变速位 SQ3 时，升降机以二速(30 Hz)加速下降，下降到变速位 SQ2 时，升降机减速，以一速(10 Hz)运行，直到下降到下限位 SQ1 处停止。

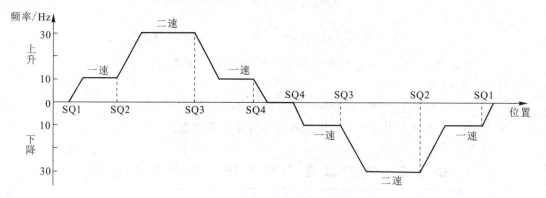

图 6.5　升降机运行曲线

1. 输入输出分配

升降机自动控制系统主要由三菱 PLC、变频器、三相笼型异步电动机组成。根据控制要求确定 PLC 的输入输出分配，见表 6.4 所示。

表 6.4　输入输出分配表

输　入			输　出		
输入继电器	输入元件	作用	输出继电器	输出元件	作用
X0	SB1	停止按钮	Y0	STF	提升
X1	SB2	上升按钮	Y1	STR	下降
X2	SB3	下降按钮	Y2	RH	一速
X3	SQ1	下限位开关	Y3	RM	二速
X4	SQ2	变速位开关	Y4	LED1	上升指示灯
X5	SQ3	变速位开关	Y5	LED2	下降指示灯
X6	SQ4	上限位开关			

2. 接线图

按照输入输出分配表，升降机自动控制系统的接线图如图 6.6 所示。

在图 6.6 中，PLC 代替继电器控制电路。另外，对于系统所要求的上升和下降以及由限位开关获取吊笼运行的位置信息，也是通过 PLC 程序处理后，在 Y0～Y3 端输出 0、1 信号来控制变频器端子 STF、STR、RH、RM 的状态，使变频器按照图 6.5 所示运行曲线来控制升降机的运行特性。速度由 RH、RM 选择，当 PLC 输出端 Y2 置"1"时，变频器输出一速频率，升降机以 10 Hz 对应的速度上升或下降；当 PLC 输出端 Y3 置"1"时，变频器输出二速频率，升降机以 30 Hz 对应的速度上升或下降。

停止按钮 SB1、上升按钮 SB2、下降按钮 SB3 可根据需要安装在底部或顶部，或者两地都安装。工作时，按下 SB2 或 SB3，系统就可以实现自动控制。

3. PLC 程序设计

根据系统控制要求设计顺序功能图，如图 6.7 所示。

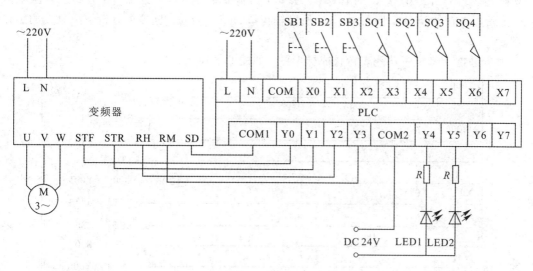

图 6.6 接线图

按下停止按钮 SB1，继电器 X0 动作，通过 ZRST 指令对系统所有步复位，系统停止工作，同时通过 SET 指令对初始步 S0 置位，为升降机启动做准备。

由于升降机分为上升和下降两个工作状态，所以采用选择分支，S20～S22 分支控制升降机的上升，S30～S32 分支控制升降机的下降。S20～S22 步为上升分支，只有当升降机

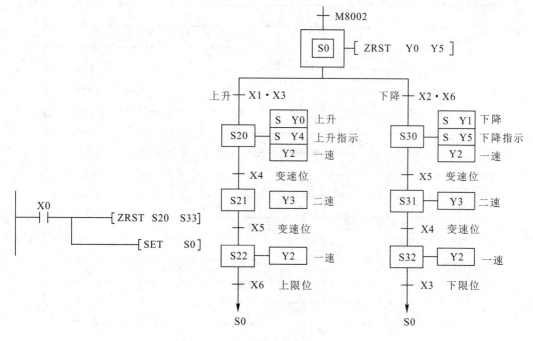

图 6.7 升降机顺序功能图

处于下限位，同时按下上升按钮时，进入 S20 步，此时分别对 Y0、Y4 置位，Y2 也同时置为"1"，升降机以一速上升，上升指示灯 LED1 亮；当上升到 X4 时，Y3 置为"1"，升降机以二机加速上升；当上升到 X5 时，Y2 置为"1"，升降机减速，以一速上升，直到上升至上限位，重新回到初始步 S0，同时对 PLC 所有输出 Y0～Y5 复位。同理可分析下降分支的工作原理。

用步进指令将顺序功能表转化成梯形图，如图 6.8 所示。

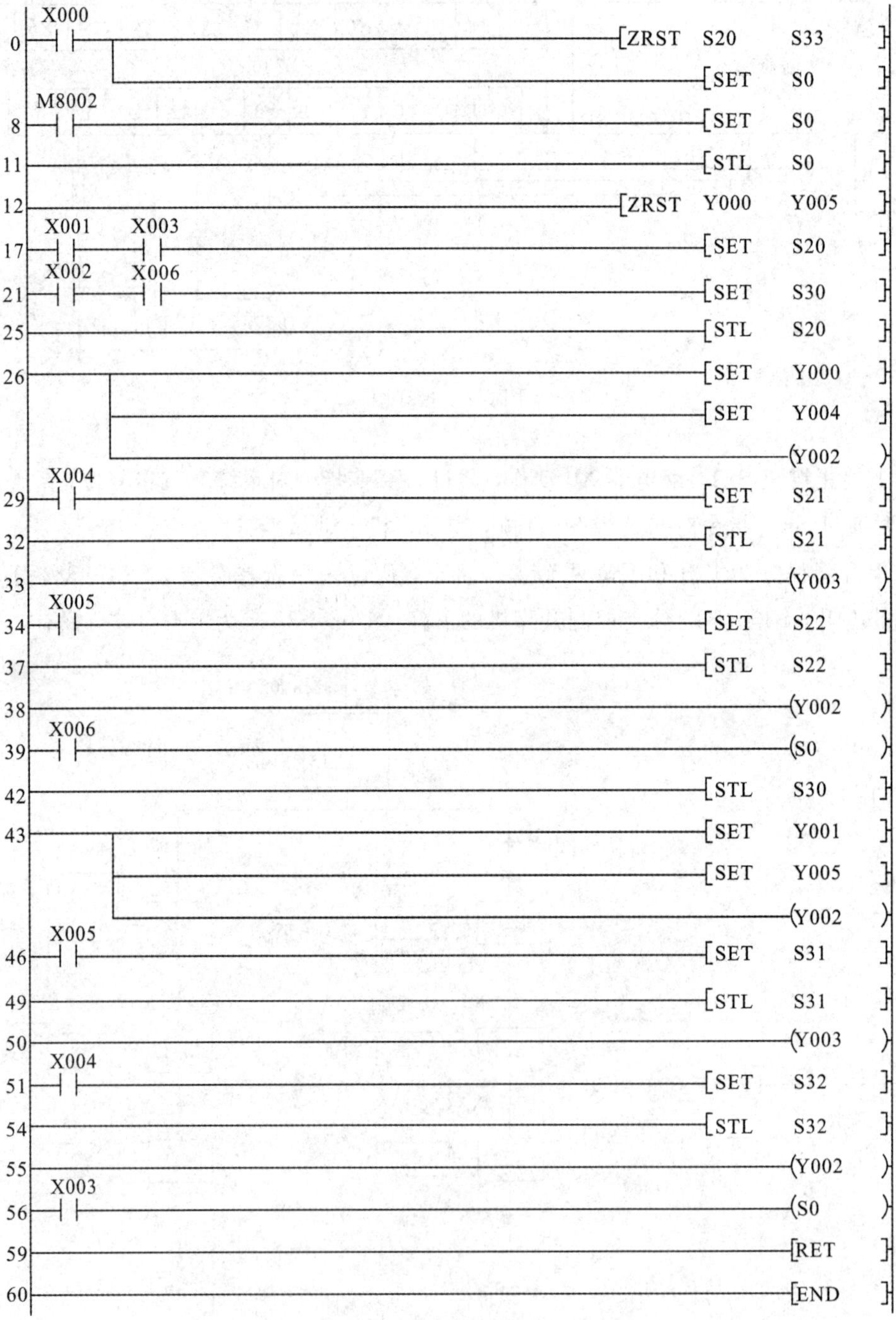

```
      X000
 0   ─┤ ├──────────────────────────────────[ZRST  S20    S33 ]
      │                                      ─────────────────
      │                                     [SET   S0      ]
      M8002
 8   ─┤ ├────────────────────────────────────[SET   S0      ]
11   ──────────────────────────────────────────[STL   S0      ]
12   ──────────────────────────────────────[ZRST  Y000   Y005]
      X001   X003
17   ─┤ ├───┤ ├──────────────────────────────[SET   S20     ]
      X002   X006
21   ─┤ ├───┤ ├──────────────────────────────[SET   S30     ]
25   ──────────────────────────────────────────[STL   S20     ]
26   ──────────────────────────────────────────[SET   Y000    ]
     │                                         [SET   Y004    ]
     │                                         (Y002         )
      X004
29   ─┤ ├────────────────────────────────────[SET   S21     ]
32   ──────────────────────────────────────────[STL   S21     ]
33   ──────────────────────────────────────────(Y003         )
      X005
34   ─┤ ├────────────────────────────────────[SET   S22     ]
37   ──────────────────────────────────────────[STL   S22     ]
38   ──────────────────────────────────────────(Y002         )
      X006
39   ─┤ ├────────────────────────────────────(S0           )
42   ──────────────────────────────────────────[STL   S30     ]
43   ──────────────────────────────────────────[SET   Y001    ]
     │                                         [SET   Y005    ]
     │                                         (Y002         )
      X005
46   ─┤ ├────────────────────────────────────[SET   S31     ]
49   ──────────────────────────────────────────[STL   S31     ]
50   ──────────────────────────────────────────(Y003         )
      X004
51   ─┤ ├────────────────────────────────────[SET   S32     ]
54   ──────────────────────────────────────────[STL   S32     ]
55   ──────────────────────────────────────────(Y002         )
      X003
56   ─┤ ├────────────────────────────────────(S0           )
59   ──────────────────────────────────────────[RET          ]
60   ──────────────────────────────────────────[END          ]
```

图 6.8　升降机梯形图

4. 参数设置及调试

参数设置及调试步骤如下：

（1）恢复变频器出厂设置：ALLC＝1；

（2）保持 PU 灯亮（Pr.79＝0 或 1），设置变频器参数：Pr.4＝50，Pr.5＝30；

（3）设置 Pr.79＝2，使变频器处于外部运行模式，此时 EXT 灯亮；

（4）按下上升按钮 SB2，升降机执行上升动作；按下下降按钮 SB3，升降机执行下降动作；按下停止按钮 SB1，升降机停止工作。

用 PLC 配合变频器控制的调速方式替代传统的转子串电阻的调速方式，具有加、减速平稳，运行可靠的优点，大大提高了系统的自动化程度。该系统广泛应用于仓库、建筑、餐饮等行业中货物的上下传输系统中。

任务3　变频器在恒压供水系统中的应用
▶▶▶

任务要求：

（1）了解供水系统中应用变频器的意义；

（2）掌握恒压供水系统应用变频器的工作原理；

（3）掌握在恒压供水系统中应用变频器的设计方法。

6.3.1　恒压供水的意义

恒压供水是指通过闭环控制，使供水的压力自动地保持恒定，其主要意义具有以下几个方面：

（1）提高供水的质量。用户用水的多少是经常变动的，因此供水不足或供水过剩的情况时有发生。而用水和供水之间的不平衡集中反映在供水压力上，即用水多而供水少则压力低；用水少而供水多则压力大。保持供水的压力恒定可使供水和用水之间保持平衡，即用水多时供水也多，用水少时供水也少，从而提高供水的质量。

（2）节约能源。与用调节阀门来实现恒压供水相比较，用变频调速来实现恒压供水的节能效果十分明显。

（3）启动平稳。启动电流可以限制在额定电流以内，从而避免启动时对电网的冲击。对于比较大的电动机，可省去降压启动的装置。

（4）可以消除启动和停机时的水锤效应。电动机在全压下启动时，在很短的启动时间里，管道内的流量从零增大到额定流量。液体流量十分急剧地变化将在管道内产生压强过高或过低的冲击力，压力冲击管壁将产生噪声，犹如锤子敲击管子一般，称为水锤效应。采用了变频调速后，可以根据需要设定升速时间和降速时间，使管道系统内的流量变化率减小到允许范围内，从而达到完全消除水锤效应的目的。

6.3.2　变频节能控制在供水系统中的应用

当前，变频节能控制技术在生活供水、工业供水等供水系统中的应用非常广泛，主要有以下表现：

（1）变频调速控制供水压力可调，可以更方便地满足各种供水压力的需要。并且由于供水压力随时可调，因此在设计阶段可以降低对供水压力计算准确度的要求。但在选择水泵时要注意，水泵的扬程应大一些，因为变频调速的最大压力受水泵的限制；最低使用压力也不能太小，因为水泵不允许在低扬程、大流量的情况下长期超负荷工作，否则应加大变频器和水泵电动机的容量，以防止过载的发生。

（2）变频调速恒压供水具有良好的节能效果。由流体力学原理可知，水泵的转矩与转速的二次方成正比，轴功率与转速的三次方成正比。当所需流量减小、水泵转速下降时，轴功率按转速的三次方下降，因此变频调速的节能效果非常可观。

（3）根据水泵—管道供水原理可知，调节供水流量有两种方法。一种方法是采用阀门进行调节，开大供水阀，流量上升；关小供水阀，流量下降。该方法虽然简单，但本质上是通过人为增大阻力的办法来达到调节目的的，因此会浪费大量电能。另一种方法是调速调节，水泵转速升高，供水流量增加；转速下降，供水流量降低。对于用水量经常变化的场所，应采用调速调节供水流量，具有良好的节能效果。

此外，传统供水系统采用变频器后，首先，彻底取代了高位水箱、水池、水塔和气压罐供水等传统的供水方式，消除了水质的二次污染，提高了供水质量，并且具有节省能源、操作方便、自动化程度高等优点；其次，供水调峰能力明显提高，同时大大减少了开泵、切换和停泵次数，减少了对设备的冲击，延长了使用寿命。与其他供水系统相比，恒压供水系统的节能效果达 20%～40%。该系统可根据用户需要任意设定供水压力及供水时间，无需专人值守，且具有故障自动诊断报警功能。由于无需高位水箱、压力罐，节约了大量钢材及其他建筑材料，大大降低了投资。该系统既可用于生产、生活用水系统，也可用于热水供应、恒压喷淋等系统。因此恒压供水系统具有广阔的应用前景。

1. 恒压供水的目的

对供水系统的控制，目的是为了满足用户对供水流量的需求。因此，流量是供水系统的基本控制对象。由于流量的测量比较复杂，在动态情况下，管道中水压 P 的大小与供水能力（Q_G）和用水流量（Q_U）之间的平衡情况有关，具体如下：

（1）若供水能力（Q_G）＞用水流量（Q_U），则压力（P）上升；

（2）若供水能力（Q_G）＜用水流量（Q_U），则压力（P）下降；

（3）若供水能力（Q_G）＝用水流量（Q_U），则压力（P）不变。

由此可见，供水能力与用水流量的关系具体反映在流体压力的变化上。因此，压力就成了用来控制流量大小的参变量。也就是说，只要保持供水系统中某处压力恒定，就保证了该处的供水能力与用水流量处于平衡状态，恰好满足了用户所需的用水流量，这就是恒压供水所要达到的目的。

2. 恒压供水系统的构成

恒压供水系统的基本控制策略是采用 PLC 与变频调速装置构成控制系统，进行优化控制泵组的调速运行，并自动调整泵组的运行台数，完成供水压力的闭环控制，即根据实际设定水压自动调节水泵电机的转速和水泵的数量，自动补偿用水量的变化，从而保证供水管网的压力恒定。这样使得在满足供水要求的同时，还可节约电能。恒压供水系统框图如图 6.9 所示。

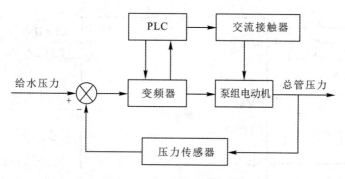

图 6.9　恒压供水系统框图

恒压供水控制系统由 PLC、变频器、泵组电动机(水泵数量可根据需要选择)、压力传感器和交流接触器等部分组成。系统的控制目标是泵站总管道的出水压力,变频器设定的给水压力值与反馈的总管压力实际值进行比较,其差值送入变频器内置的 PID 调节器进行运算处理,然后由 PLC 发出控制指令,控制水泵电动机的投运台数和运行变频水泵电动机的转速,从而实现给水总管压力稳定在设定的压力值上。恒压控制由变频器内置 PID 功能实现,系统根据用水流量的变化调节变频器的输出频率,从而使管网水压连续变化。另外,变频器还可以作为电动机的软启动装置,以限制电动机的启动电流。压力传感器的作用是检测管网水压,其安装在供水系统的总出水管上。PLC 和变频器的应用便于实现水泵转速的平滑连续调节及水泵电动机的变频软启动,从而消除了对电网、电气设备和机械设备的冲击,有利于延长设备的使用寿命。

3. 变频器的 PID 功能

现在大部分变频器都具有 PID 功能,可以直接接受传感器的反馈信号,实现过程量的自动控制。这种 PID 功能可以根据预设的给定量进行设置,误差求反,对反馈量进行监测,并具有上限下限报警的功能。变频器控制系统如图 6.10 所示。

图 6.10 中压力传感器工作时需要 24 V 直流电源,它将管网水压信号转变成 4～20 mA 的电流信号,并作为反馈信号输入到变频器的 4-5 端子,外部压力设定器将指定压力(0～1.0 MPa)转变为 0～5 V 的电压信号输入到变频器的 2-5 端子。变频器根据给定值与反馈值的偏差进行 PID 控制,使系统处于稳定的工作状态,从而保持管网水压恒定。

变频器有两个控制信号。一个是 2-5 端子之间得到的给定信号 X_T,这是一个与压力的控制目标相对应的值,一般用百分数来表示,可由键盘直接给定,也可通过外接电位器给定。X_T 的大小除了与所要求的压力控制目标有关,还与压力传感器的量程有关。如果用户要求的供水压力为 0.3 MPa,压力传感器的量程为 0～1 MPa,则 X_T 的给定值应设为30%。另一个是 4-5 端子之间由压力传感器反馈回来的信号 X_F,这是一个反映实际压力的信号。

系统工作时,X_T 和 X_F 相减,合成信号 $X_D = X_T - X_F$,经过 PID 调节处理后得到频率给定信号 X_G,以决定变频器的输出频率 f_X。当用水流量减小时,若供水能力(Q_G)>用水流量(Q_U),则供水压力上升,X_F 上升→X_D 下降→f_X 下降→电动机转速(n_X)降低→供水能力(Q_G)下降→直到压力大小反馈到给定值,供水能力与用水流量重新平衡($Q_G = Q_U$);反之亦然。

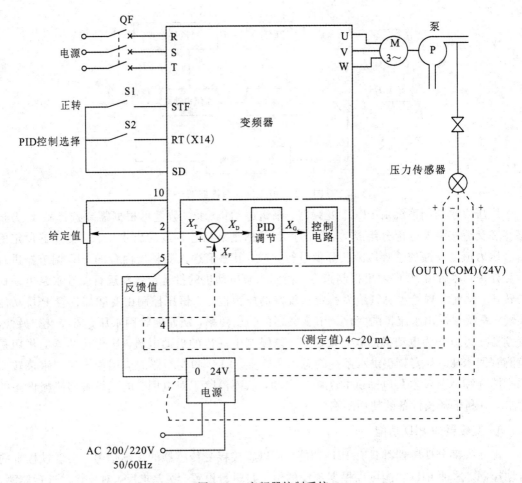

图 6.10 变频器控制系统

利用变频器内置 PID 调节功能实现恒压供水，只需按照图 6.10 连接电路并设置相应的参数即可。参数设置分为端子定义功能参数设置和 PID 运行参数设置两部分，其中端子定义功能参数的设置以常用于恒压供水的三菱 FR－F740 变频器为例，其他型号的参数设置需要另行查看变频器使用手册。

1）端子定义功能参数设置

Pr.183＝14（将 RT 端子设定为 PID 功能）；

Pr.192＝16（将 IPF 端子设定为 PID 正反转输出）；

Pr.193＝14（将 OL 端子设定为 PID 下限输出）；

Pr.194＝15（将 FU 端子设定为 PID 上限输出）。

2）PID 运行参数设置

Pr.128＝20（选择 PID 负作用，给定值由 2－5 端子输入，反馈值由 4－5 端子输入）；

Pr.129＝100（PID 比例调节范围）；

Pr.130＝10 s（PID 积分时间）；

Pr.131＝100％（PID 上限调节值）；

Pr.132＝0％（PID 下限调节值）；

Pr.133＝50％（PU 操作下控制设定值的确定）；

Pr.134＝3 s(PID 微分时间)。

4. 多泵循环变频恒压供水系统

当有多台水泵同时供水时，由于不同季节、不同时间的用水量变化很大，为了节约能源，常常需要进行切换。此处便是要解决多台水泵循环变频恒压的供水问题，三台水泵构成的循环变频恒压控制电路如图 6.11 所示。

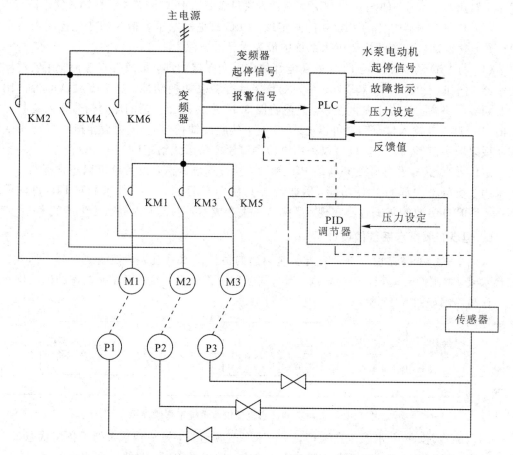

图 6.11 三台水泵构成的循环变频恒压控制电路

在图 6.11 中，M1、M2、M3 是电动机，P1、P2、P3 是水泵，KM1、KM3、KM5 控制水泵变频运行，KM2、KM4、KM6 控制水泵工频运行。变频器用来为电动机提供频率连续可调的电源，实现电动机的无级调速，从而使管网水压连续变化。传感器用来检测管网水压，压力设定单元为系统提供满足用户需求的水压期望值。通常情况下，供水设备控制一至三台水泵，其中一至二台水泵工作，一台水泵备用，而且一般只有一台变频泵。当供水系统开始工作时，首先启动变频泵，管网水压达到设定值时，变频器的输出频率稳定在某一数值上。当用水量增加时，水压降低，传感器便将这一信号送入 PLC 或 PID 调节器，PLC 或 PID 调节器则送出一个比用水量增加前大的信号，使变频器的输出频率上升，水泵的转速提高，水压上升。如果用水量增加很多，变频器的输出频率达到最大值仍不能满足管网水压的设定值，则 PLC 或 PID 调节器就发出启动另一台工频泵的信号，其他泵依次类推。反之，当用水量减少时，若变频器的输出频率达到最小值，则 PLC 或 PID 调节器会发出减少一台工频泵的信号。

如果要实现以上的控制过程，一般有以下四种方法：

（1）将压力设定信号和反馈信号送入 PLC，经 PLC 内部 PID 控制程序的计算，给变频器输送一个转速控制信号。该方法中的 PID 运算和水泵的切换均由 PLC 完成，需要给 PLC 配置模拟量输入输出模块，并且要编写 PID 控制程序，初期投资大，编程复杂。

（2）将压力设定信号和反馈信号送入 PID 调节器，由 PID 调节器进行运算后给变频器输送一个转速控制信号，如图 6.11 所示，这种方法只需要给 PLC 配置开关量输入输出即可。

（3）利用变频器内部的 PID 功能来实现，PLC 只是根据压力信号的变化控制水泵的投放台数，这也是目前变频恒压供水系统中最为常见的方法。

（4）将 PID 调节器以及 PLC 的功能都集成到变频器内部，形成带有各种应用宏的新型变频器。例如，三菱 F500 和 F700 系列变频器具有多泵切换功能。这类变频器的价格比通用变频器的略高，但功能强大很多，只需将图 6.11 中传感器反馈的压力信号送入变频器自带的 PID 调节器输入口（F740 可以由 4 - 5 端子接收反馈信号）。压力设定既可以使用变频器面板以数字量形式给定，也可以采用电位器以模拟量形式给定（F740 可以由 2 - 5 端子接收设定信号）。这样设置好变频器的 PID 参数，经过现场调试，设备就可以正常运行了。由于采用了变频器内部的 PID 功能，因此省去了对 PLC 存储容量的要求和对 PID 算法的编程。而且 PID 参数的调试容易实现，既降低了生产成本，也大大地提高了生产效率。

5. 恒压变频供水系统的设计

采用 PLC、变频器设计一个有五段速调速的恒压供水系统，其控制要求如下所述：有三台水泵，要求两台运行，一台备用，运行与备用三天轮换一次。五段速调速的恒压供水系统工作顺序图如图 6.12 所示。

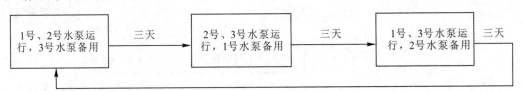

图 6.12 五段速调速的恒压供水系统工作顺序图

用水高峰时，一台水泵全速运行，一台水泵变频运行，另一台水泵处于备用状态，三天循环一次，便于维护和检修，也不至于停止供水。用水低谷时，只需一台水泵变频运行。三台水泵分别由电动机 M1、M2、M3 拖动，而三台电动机又分别由变频接触器 KM1、KM3、KM5 和工频接触器 KM2、KM4、KM6 控制。

电动机的转速由变频器的五段速来控制，这五段速对应的频率分别是 20 Hz、25 Hz、30 Hz、40 Hz、50 Hz。五段速的变频及工频的切换由管网压力继电器的压力上限接点和下限接点控制。水泵投入工频运行时，电动机的过载由热继电器保护，并有报警信号指示。

水泵电动机的五段速度由变频器的多段速调速实现。系统根据用水量的大小，通过 PLC 检测压力传感器的上限信号和下限信号来控制变频器的 RH、RM、RL 三个速度端子的接通断开状态，从而调节水泵电动机的不同运行频率。

系统工作时，1 号水泵以 20 Hz 变频方式运行。当用水量增加时，管道压力减小，PLC 检测到压力传感器的下限信号后，PLC 驱动变频器的速度端子，使水泵以 25 Hz 的频率运行。如果压力继续减小，则 PLC 会使变频器依次运行在 30 Hz、40 Hz、50 Hz 的频率上。如果变频器运行在 50 Hz 的频率上，则 PLC 仍检测到压力传感器的下限信号，PLC 就驱动

2 号水泵工频运行，同时启动 1 号水泵以 20 Hz 的频率进入变频运行。如果压力继续降低，则会按照 25 Hz、30 Hz、40 Hz、50 Hz 的顺序依次增大 1 号水泵的频率。当用水量减少时，管道压力增加，PLC 检测到压力传感器的上限信号后，控制水泵电动机，使其运行在低一级的频率上。若水泵已经运行在最低频率 20 Hz 上，则压力还继续增大，PLC 就控制相关接触器动作，停止 2 号水泵的运行，并将 1 号水泵切换到 50 Hz 的变频运行状态。如果压力继续增加，则 PLC 控制变频器，使水泵电动机依次运行在低一级的频率上。

1）输入输出分配

根据控制要求确定 PLC 的输入输出分配，见表 6.5 所示。

表 6.5 输入输出分配表

输 入			输 出		
输入继电器	输入元件	作用	输出继电器	输出元件	作用
X0	SB1	启动按钮	Y0	STF	变频器启动
X1	SB2	停止按钮	Y1	RH	多段速选择
X2	S1	水压上限	Y2	RM	多段速选择
X3	S2	水压下限	Y3	RL	多段速选择
X4	FR1～FR3	过载保护	Y4	MRS	变频器输出禁止
			Y5	KM	接通变频器电源
			Y6	KM1	1 号水泵变频运行
			Y7	KM2	1 号水泵工频运行
			Y10	KM3	2 号水泵变频运行
			Y11	KM4	2 号水泵工频运行
			Y12	KM5	3 号水泵变频运行
			Y13	KM6	3 号水泵工频运行
			Y14	HL	FR 报警指示

2）接线图

根据要求，系统采用一台变频器拖动三台水泵的方式，每台水泵电动机既可工频运行也可变频运行，主电路如图 6.13 所示。其中，接触器 KM1、KM3、KM5 用于将各台水泵电动机连接至变频器，实现变频调速；接触器 KM2、KM4、KM6 用于将各台水泵电动机直接接至工频电源。

根据系统的控制要求以及 PLC 输入输出分配表，多泵变频恒压供水系统的控制电路如图 6.14 所示，PLC 的输出继电器的触点 Y0～Y3 直接连接到变频器的 STF、RH、RM、RL 上，以控制变频器的五段速调速；Y6～Y13 分别控制变频和工频接触器的接通断开。需要注意的是，每台电动机的变频和工频接触器必须在硬件电路中互锁。将三台电动机的热继电器 FR1～FR3 串联后接在 PLC 的输入继电器触点 X4 上，任意一台电动机过载，便可以切断所有电路，使电动机和变频器停止运行。PLC 的输出继电器的触点 Y4 接到变频器的输出禁止端子 MRS 上，目的是在电动机进行工频和变频切换时使变频器的所有动作停止，保证正确切换。

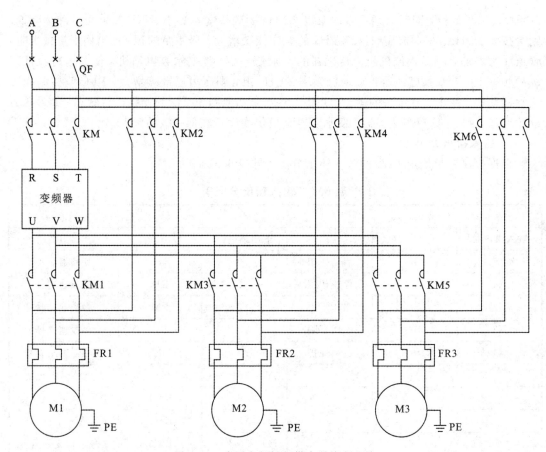

图 6.13　多泵变频恒压供水系统主电路

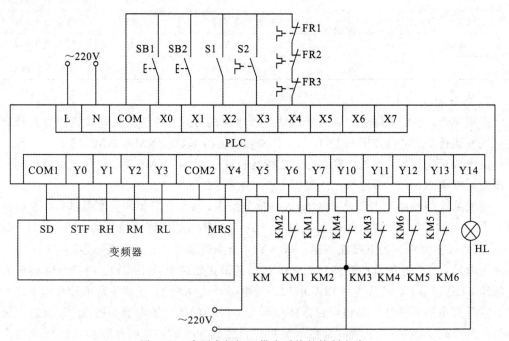

图 6.14　多泵变频恒压供水系统的控制电路

3) PLC 程序设计

根据控制要求，该系统包含两个顺序控制：一是三台水泵的切换，二是五段速的切换。而且这两个流程是同时进行的，可以用顺序功能图的并行流程来进行设计。变频恒压供水系统顺序功能图如图 6.15 所示。

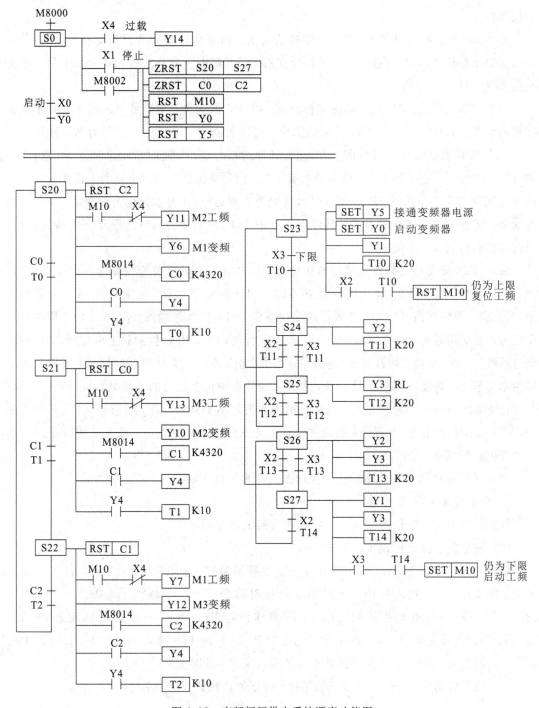

图 6.15 变频恒压供水系统顺序功能图

在图 6.15 中，S0 步是系统初始化及报警程序。PLC 上电后，初始化脉冲 M8002 对所有状态、计数器、变频器启动信号、变频器电源进行复位，同样按下停止按钮 X1 也可以做同样的动作。X4 是三台电动机的过载信号，系统正常运行时，输入继电器 X4 失电，其常开触点断开，一旦其中一台电动机过载，X4 的常开触点就会闭合，输出继电器 Y14 得电，进行报警。

脉冲 M8000 给 S0 步置位，使 S0 变成活动步。如果此时变频器没有运行（即 $\overline{Y0}=1$），则按下启动按钮 X0，系统进入两个并行分支的运行，其中一个分支是 S20～S22，另一个分支是 S23～S27。

S20～S22 分支是三台水泵轮流切换分支。以 S20 步为例，系统最初运行在 1 号水泵为变频的状态下，M8014 为 1 min 周期的脉冲。用计数器 C0 对 M8014 进行计数，计满三天后，C0 的常开触点闭合，Y14 得电，禁止变频器所有的输出，同时启动定时器 T0 进行 1 s 的延时，时间到，进入 S21 步，将 1 号水泵停掉，启动 2 号和 3 号水泵运行。若在 S20 步为活动步期间启动工频信号 M10，则 2 号水泵变为工频运行，1 号水泵仍为变频运行，此时系统处于一工频一变频的运行状态。同理该分支中 S21、S22 步的运行过程与 S20 步的相似，请读者自行分析。

S23～S27 分支是变频器多段速切换分支。其中每一步对应着变频器的一个运行频率，以 S23 步为例，此时 Y0 线圈得电，变频器以 20 Hz 的频率运行。如果此时 PLC 检测到下限信号 X3，则转移到 S24 步，变频器的运行频率上升，供水量增加。若 PLC 仍然检测到下限信号，则变频器的运行频率继续上升。若在运行过程中，PLC 检测到上限信号 X2，则系统返回到上一点，降低变频器的运行频率，减小供水量。若在 S23 步 PLC 检测到上限信号 X2，即用水量较小，则复位工频信号 M10，水泵切换分支中正在运行的工频电动机停止。在 S27 步，变频器以 50 Hz 的频率运行，若供水量仍然满足不了要求，则下限信号 X3 常开触点闭合，将工频运行信号 M10 置位，启动水泵切换分支中水泵工频运行，此时系统处于一工频一变频的运行状态。

用步进指令将顺序功能图转化为梯形图，如图 6.16 所示。

4）参数设置及调试

根据控制要求，变频器的具体设定参数及调试步骤如下：

（1）恢复变频器出厂设置：ALLC＝1。

（2）保持 PU 灯亮（Pr.79＝0 或 1），设置变频器参数：上限频率 Pr.1＝50 Hz；下限频率 Pr.2＝20 Hz；基底频率 Pr.3＝50 Hz；加速时间 Pr.7＝2 s；减速时间 Pr.8＝2 s；电子过电流保护 Pr.9＝电动机的额定电流；多段速设定 Pr.4＝20 Hz；多段速设定 Pr.5＝25 Hz；多段速设定 Pr.6＝30 Hz；多段速设定 Pr.24＝40 Hz；多段速设定 Pr.25＝50 Hz。

（3）设置 Pr.79＝2，使变频器处于外部运行模式，此时 EXT 灯亮；

（4）按下启动按钮 SB1，系统开始工作；按下停止按钮 SB2，系统停止工作。

```
       M8000
  0 ─┤├──────────────────────────────────────[SET    S0    ]

  3 ──────────────────────────────────────────[STL    S0    ]

       X004
  4 ─┤├──────────────────────────────────────────────(Y014  )

       X001
  6 ─┤├────────┬─────────────────────────────[ZRST  S20    S27  ]
       M8002   │
     ─┤├───────┼─────────────────────────────[ZRST  C0     C2   ]
             │
             ├─────────────────────────────────[RST    M10   ]
             │
             ├─────────────────────────────────[RST    Y000  ]
             │
             └─────────────────────────────────[RST    Y005  ]

       X000    Y000
 21 ─┤├──────┤/├──┬───────────────────────────[SET    S20   ]
               │
               └───────────────────────────────[SET    S23   ]

 27 ──────────────────────────────────────────[STL    S20   ]

 28 ────────┬────────────────────────────────[RST    C2    ]
          │
          ├──────────────────────────────────────(Y006  )
          │  M10    X004
          ├─┤├────┤/├──────────────────────────(Y011  )
          │  M8014                                K4320
          ├─┤├─────────────────────────────────(C0    )
          │  C0
          ├─┤├───────────────────────────────────(Y004  )
          │  Y004                                 K10
          └─┤├───────────────────────────────────(T0    )

       C0     T0
 48 ─┤├────┤├────────────────────────────────[SET    S21   ]

 52 ──────────────────────────────────────────[STL    S21   ]
```

```
53 ┬──────────────────────────────────────────────[RST    C0   ]
   │
   ├──────────────────────────────────────────────(Y010     )
   │  M10   X004
   ├──┤ ├──┤/├────────────────────────────────────(Y013     )
   │  M8014                                          K4320
   ├──┤ ├─────────────────────────────────────────(C1       )
   │  C1
   ├──┤ ├─────────────────────────────────────────(Y004     )
   │  Y004                                          K10
   └──┤ ├─────────────────────────────────────────(T1       )
      C1    T1
73 ──┤ ├──┤ ├──────────────────────────────────────[SET    S22  ]

77 ───────────────────────────────────────────────[STL    S22  ]

78 ┬──────────────────────────────────────────────[RST    C1   ]
   │
   ├──────────────────────────────────────────────(Y012     )
   │  M10   X004
   ├──┤ ├──┤/├────────────────────────────────────(Y007     )
   │  M8014                                          K4320
   ├──┤ ├─────────────────────────────────────────(C2       )
   │  C2
   ├──┤ ├─────────────────────────────────────────(Y004     )
   │  Y004                                          K10
   └──┤ ├─────────────────────────────────────────(T2       )
      C2    T2
98 ──┤ ├──┤ ├──────────────────────────────────────(S20      )

102 ──────────────────────────────────────────────[STL    S23  ]

103 ┬─────────────────────────────────────────────[SET    Y005 ]
    │
    ├─────────────────────────────────────────────[SET    Y000 ]
    │
    ├─────────────────────────────────────────────(Y001     )
    │                                               K20
    ├─────────────────────────────────────────────(T10      )
    │  X002   T10
    └──┤ ├──┤ ├───────────────────────────────────[RST    M10  ]
       X003   T10
112 ──┤ ├──┤ ├──────────────────────────────────────[SET    S24  ]
```

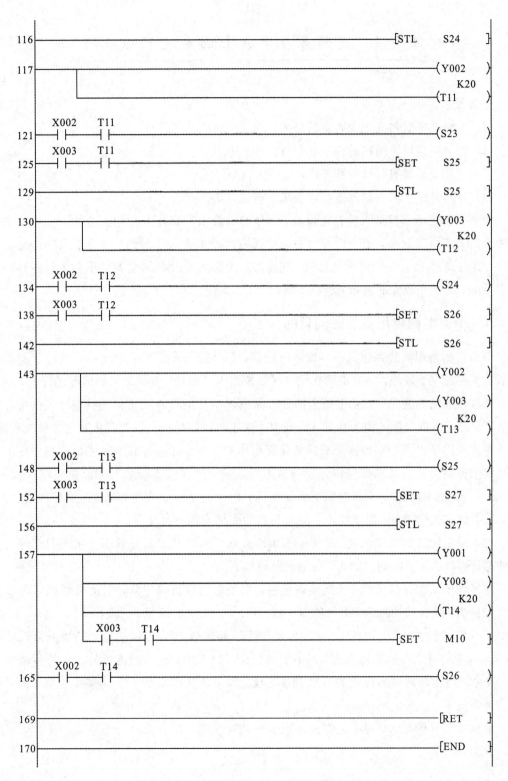

图 6.16 变频器恒压供水系统梯形图

任务4 变频器在中央空调系统中的应用

▶▶▶ ━━━━━━━━━━━━━━━━━━━━━━━━━━━━━━━━━━━

任务要求：

(1) 了解中央空调应用变频器的目的；

(2) 能够对变频器调速进行节能分析；

(3) 掌握变频器的容量计算方法；

(4) 掌握中央空调变频调速控制系统的调试方法。

中央空调是楼宇里最大的耗电设备，每年的电费中空调耗电占 60％ 左右，故对其进行节能改造具有重要意义。由于设计时中央空调系统必须按天气最热、负荷最大的情况进行设计，并且要留 10％～20％ 设计裕量，然而实际上绝大部分时间空调是不会运行在满负荷状态下的，故存在较大的富余，所以节能的潜力就较大。

6.4.1 中央空调应用变频器的目的

中央空调是现代公共建筑不可或缺的设备，但其耗电量巨大，因此对其进行节能改造有着重要的意义。另外，中央空调在设计时是按照天气最热、负荷最大的情况进行的，由于季节和昼夜温度的变化，实际上绝大部分时间空调不会运行在满负荷的状态下，存在着较大的富余量，所以节能的潜力比较大。其中冷冻主机可以根据负载的变化随之加载或减载，冷冻水泵和冷却水泵却不能随负载的变化而做出相应的调节，存在着很大的浪费。传统水泵系统的流量与压差是靠阀门和旁通调节来完成的，故存在着较大的截流损失和大流量、高压力、低温差的现象，不仅浪费了大量电能，而且还造成中央空调末端达不到理想的效果。为了解决这些问题，需要使水泵随着负载的变化来调节水流量。

对水泵系统进行变频调速的改造，根据冷冻水泵和冷却水泵负载的变化来调整电动机的转速，从而达到节能的目的，节能效果分析如下。

水泵属于二次方律负载，经变频调速后，水泵电动机转速下降，电动机消耗的电能就会大大减少。减少的功耗为 $\Delta P = P_0[1-(n_1/n_0)]^3$，减少的流量为 $\Delta Q = Q_0[1-(n_1/n_0)]$，其中，$n_1$ 为调速后电动机的转速；n_0 为电动机原来的转速；P_0 为电动机原转速下消耗的功率；Q_0 为电动机原转速下水泵流量。由上述公式可以看出，减少的流量与减少的转速成正比，减少的功耗与减少的转速的三次方成正比。如果转速降低 10％，则流量也降低 10％，而功耗降低了 $(1-0.9^3)\times100\% = 27.1\%$。

根据以上分析可知，对中央空调进行变频调速改造，能有效降低耗电量，有着重要的现实意义。

6.4.2 中央空调的组成及工作原理

中央空调主要由冷冻主机、冷却水塔、冷却水循环系统、冷冻水循环系统、冷却风机

(图中未标注)等部分组成,图 6.17 为其系统组成框图。

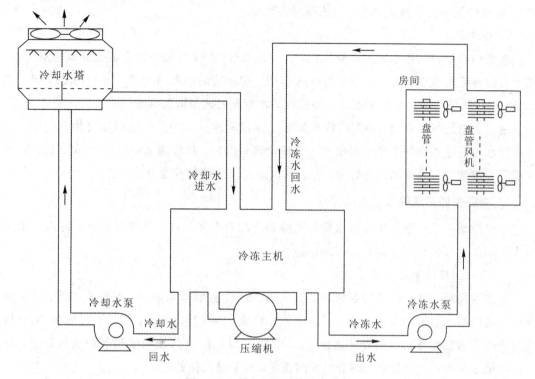

图 6.17　中央空调系统组成框图

1. 中央空调的组成及工作原理

1）冷冻主机

冷冻主机即制冷装置,是中央空调的制冷源,通往各个房间的循环水由冷冻主机进行"内部热交换",降温成"冷冻水"。

2）冷却水塔

冷冻主机在制冷过程中会释放热量,使机组发热,冷却水塔为冷冻主机提供"冷却水"。冷却水在盘流过冷冻主机后,带走冷冻主机产生的热量,使其降温。

3）冷冻水循环系统

冷冻水循环系统由冷冻水泵和冷冻水管道组成。从冷冻主机流出来的冷冻水由冷冻水泵加压送往冷冻水管道,通过各房间的盘管,带走房间内的热量,降低房间温度。由于冷冻水吸收了房间内的热量,水温升高,需要再经过冷冻主机降低水温,再次成为冷冻水,如此循环。在这里,冷冻主机是冷冻水的"源",从冷冻主机出来的冷冻水称为"出水",经过各房间后流回冷冻主机的水称为"回水"。

4）冷却水循环系统

冷却水循环系统由冷却水泵、冷却水管道和冷却水塔组成。冷却水吸收了冷冻主机释放的热量后,自身温度升高,冷却水泵将升温后的冷却水压入冷却水塔,使其降温,然后再将降温后的冷却水送回到冷冻机组,如此循环。在这里,冷冻主机是冷却水的冷却对象,即

"负载"，流进冷冻主机的冷却水称为"进水"，从冷冻主机流回冷却水塔的冷却水称为"回水"。回水的温度高于进水的温度，从而形成温差。

5）冷却风机

系统中有两种用途不同的冷却风机，一种是盘管风机，安装在所有需要降温的房间内，用于将由冷冻水盘管冷却了的冷空气吹入房间，加速房间内的热交换；另一种是冷却水塔风机，用于降低冷却水塔中的水温，加速将回水带来的热量散发到大气中去。

由以上论述可以看出，中央空调系统的工作过程就是一个不断进行热交换的过程，其中冷却水和冷冻水循环系统是能量的主要传递者。因此，对冷冻水和冷却水循环系统的控制是中央空调控制系统的主要部分，并且两个水循环系统的控制方法类似。

2. 中央空调系统的节能改造原理

中央空调系统一般分为冷冻水循环系统和冷却水循环系统两个循环系统，可以分别对两个系统的水泵采用变频器进行节能改造。

1）冷冻水循环系统的闭环控制

冷冻水循环系统的闭环控制原理如图 6.18 所示，控制原理如下：首先通过温度传感器将冷却机的回水温度和出水温度送入温差控制模块，并计算出温差，然后通过温度 A/D 模块将模拟信号转换成数字信号并送给 PLC 的输入端，由 PLC 控制变频器的输出频率，以控制冷冻水泵电动机的转速，调节出水的流量，控制热交换的速度。

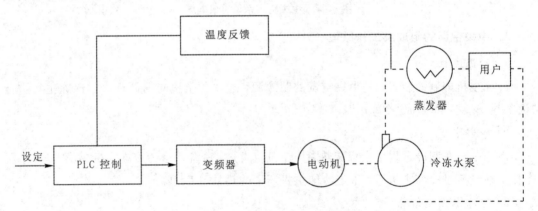

图 6.18　冷冻水循环系统的闭环控制原理框图

如果温差大，则说明室内温度高，系统负荷大，此时应提高冷冻水泵电动机的转速，加快冷冻水的循环速度以增大流量，提高热交换的速度；反之，如果温差小，则说明室内温度低，系统负荷小，此时可以降低冷冻水泵电动机的转速，减慢冷冻水的循环速度以减小流量，降低热交换的速度以节约电能。在制冷模式下，冷冻回水温度大于设定温度时频率应上调；在制热模式下，与制冷模式相反，冷冻回水温度小于设定温度时频率要上调。冷冻水回水温度越高，变频器的输出频率越低。

2）冷却水循环系统的闭环控制

冷却水循环系统的闭环控制原理如图 6.19 所示，控制原理如下：冷冻机组运行时，其冷凝器的热交换能量由冷却水带到冷却水塔进行散热降温，再由冷却水泵送到冷凝器进行循环。如果冷却水进水、出水温差大，则说明冷冻机组负荷大，此时应提高冷却水泵电动机的转速，加大冷却水的循环量；反之，如果温差小，则说明冷冻机组负荷小，此时应降低冷却水泵电动机的转速，减小冷却水的循环量以节约电能。

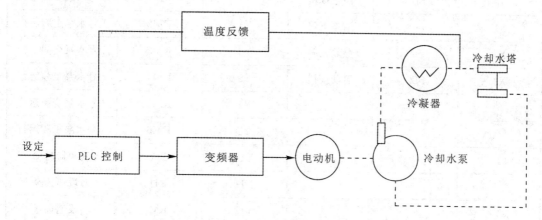

图 6.19　冷却水循环系统的闭环控制原理框图

6.4.3　中央空调应用变频器的设计

中央空调的冷冻水循环系统和冷却水循环系统由 PLC、变频器进行控制，试设计该系统并满足下列控制要求：系统由三台水泵组成，每次只运行两台，一台备用，10 天轮换一次。三台水泵的切换方式及运行速度如下：

（1）启动 1 号水泵，进行恒温度（差）控制。

（2）当 1 号水泵的工作频率上升至 50 Hz 时，将它切换至工频电源，同时将变频器的给定频率迅速降到 0 Hz，并使 2 号水泵与变频器相连，进行恒温（差）控制。

（3）当 2 号水泵的工作频率也上升到 50 Hz 时，也将其切换至工频电源，同时将变频器的给定频率迅速降到 0 Hz，进行恒温（差）控制。

（4）当冷冻或冷却进（回）水温差超出上限温度时，1 号水泵工频全速运行，2 号水泵切换到变频状态高速运行；当冷冻或冷却进（回）水温差低于下限温度时，1 号水泵断开，2 号水泵切换到变频状态低速运行。

（5）当有一台水泵出现故障时，3 号水泵立即投入使用。

变频调速通过变频器的七段速度实现控制，运行频率如表 6.6 所示。

表 6.6　七段变频调速

速度	1 速	2 速	3 速	4 速	5 速	6 速	1 速
设定值	10 Hz	15 Hz	20 Hz	25 Hz	30 Hz	40 Hz	50 Hz

1. 输入输出分配

根据控制要求确定 PLC 的输入输出分配，见表 6.7 所示。

表 6.7　输入输出分配表

输　入			输　出		
输入继电器	输入元件	作用	输出继电器	输出元件	作用
X0	SB1	停止按钮	Y0	KM1	1号水泵变频运行
X1	S1	温差下限	Y1	KM2	1号水泵工频运行
X2	S2	温差上限	Y2	KM3	2号水泵变频运行
X3	SB2	启动按钮	Y3	KM4	2号水泵工频运行
			Y4	KM5	3号水泵变频运行
			Y5	KM6	3号水泵工频运行
			Y10	STF	变频器启动
			Y11	RH	多段速选择
			Y12	RM	多段速选择
			Y13	RL	多段速选择

2. 接线图

冷却水循环系统变频调速电气原理图如图 6.20 所示。其中，主电路接触器 KM1、KM3、KM5 用于将各台水泵电动机连接至变频器，实现变频调速；接触器 KM2、KM4、KM6 用于将各台水泵电动机连接至工频电源。在控制电路中，PLC 的输出继电器的触点 Y0～Y5 分别控制变频和工频接触器的通道，Y10～Y13 直接连接到变频器的 STF、RH、RM、RL 上，以控制变频器的七段速调速。需要注意的是，每台电动机的变频和工频接触器必须在硬件电路中互锁。

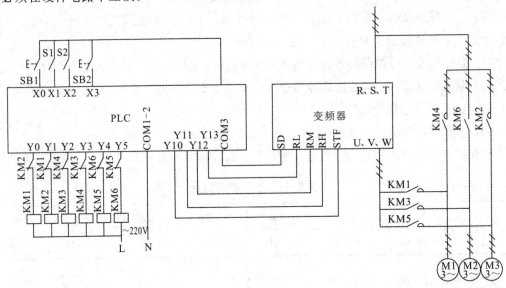

图 6.20　冷却水循环系统变频调速电气原理图

3. PLC 程序设计

根据控制要求,该系统包含两个顺序控制:一是三台水泵的切换,二是变频器七段速的切换,用顺序功能图的并行流程来进行设计,如图 6.21 所示。此图与本项目任务 3 的顺序功能图(见图 6.15)相类似,请读者自行分析工作过程,并将其转换成梯形图。

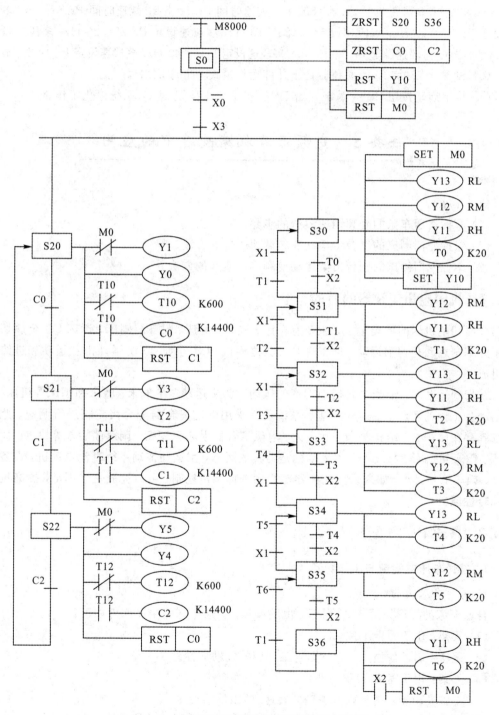

图 6.21　冷却水循环系统变频调速顺序功能图

4. 参数设置及调试

根据控制要求，变频器的具体设定参数及调试步骤如下：

(1) 恢复变频器出厂设置：ALLC=1。

(2) 保持 PU 灯亮(Pr.79=0 或 1)，设置变频器参数：上限频率 Pr.1=50 Hz；下限频率 Pr.2=10 Hz；基底频率 Pr.3=50 Hz；加速时间 Pr.7=5 s；减速时间 Pr.8=5 s；多段速设定 Pr.27=10 Hz；多段速设定 Pr.26=15 Hz；多段速设定 Pr.25=20 Hz；多段速设定 Pr.24=25 Hz；多段速设定 Pr.6=30 Hz；多段速设定 Pr.5=40 Hz；多段速设定 Pr.4=50 Hz。

(3) 设置 Pr.79=2，使变频器处于外部运行模式，此时 EXT 灯亮。

(4) 按下启动按钮 SB2，系统开始工作；按下停止按钮 SB1，系统停止工作。

任务5　变频器在机床改造中的应用
▶▶▶

任务要求：

(1) 掌握普通车床的变频调速改造的步骤；

(2) 掌握龙门刨床的刨台主运动变频调速改造的方法；

(3) 掌握龙门刨床的刨台刀架运动变频调速改造的方法。

6.5.1　机床应用变频器的目的

金属切削机床的种类很多，主要有车床、铣床、磨床、钻床、刨床、镗床等。金属切削机床的基本运动是切削运动，即工件与刀具之间的相对运动。切削运动由主运动和进给运动组成。

在切削运动中，承受主要切削功率的运动称为主运动。在车床、磨床和刨床等机床中，主运动是工件的运动，主运动的拖动系统通常采用电磁离合器配合齿轮箱进行调速。此调速系统存在体积大、结构复杂、噪声大、电磁离合器损坏率较高、调速性能差等缺点。而在铣床、镗床和钻床等机床中，主运动则是刀具的运动，主运动拖动系统直流电动机，设备造价高、效率低。因此，如果采用变频器对它们进行调速控制，可以克服上述不足，提高机床的综合性能。

6.5.2　普通车床的变频调速改造

1. 普通车床的构造与工作特点

1) 普通车床的基本结构

普通车床的外形如图 6.22 所示，由图可知，普通车床的主要部件如下：

(1) 头架：用于固定工件。

(2) 尾座：用于顶住工件，是固定工件用的辅助部件。

(3) 刀架：用于固定车刀。

(4) 主轴变速箱：用于调节主轴的转速(即工件的转速)。

(5) 进给箱：在自动进给时，用于和齿轮箱配合，控制刀具的进给运动。

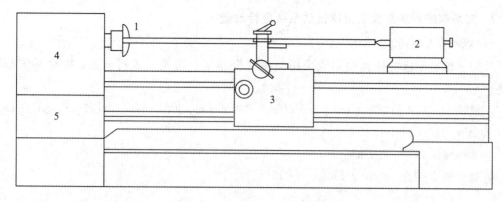

1—头架; 2—尾架; 3—刀架；4—主轴变速箱; 5—进给箱

图 6.22 普通车床的外形

2）车床的拖动系统

普通车床的拖动系统主要包括以下两种运动：

（1）主运动：工件的旋转运动为普通车床的主运动，带动工件旋转的拖动系统为主拖动系统。

（2）进给运动：主要是刀架的移动。由于在车削螺纹时，刀架的移动速度必须和工件的旋转速度严格配合，故中小型车床的进给床身运动通常由主电动机经进给传动链而拖动，并无独立的进给拖动系统。

3）主运动的负载性质

在低速段，允许的最大进刀量都是相同的，负载转矩也相同，属于恒转矩区。而在高速段，由于受床身机械强度和振动以及刀具强度等的影响，速度越高，允许的最大进刀量越小，负载转矩也越小，但切削功率保持相同，属于恒功率区。车床主轴的机械特性如图 6.23 所示。恒转矩区和恒功率区的分界转速称为计算转速，用 n_D 表示，通常规定把主轴最高转速的 1/4 作为计算转速。

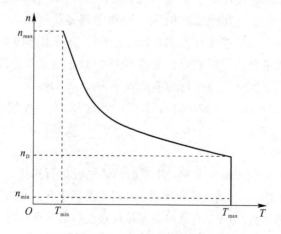

图 6.23 车床主轴的机械特性

2. 应用变频器对车床主运动拖动系统进行改造

1）原拖动系统的数据

某型号精密车床的原拖动系统采用电磁离合器配合齿轮箱进行调速，拖动系统数据如下：

主轴转速共有八挡：75 r/min、120 r/min、200 r/min、300 r/min、500 r/min、800 r/min、1200 r/min、2000 r/min；

电动机额定容量：2.2 kW；

电动机额定转速：1440 r/min。

2）变频器的选择

（1）变频器容量的选择。

由于车床在低速车削毛坯时常常出现较大的过载现象，且过载时间有可能超过1 min。因此，变频器的容量应比正常的配用电动机容量加大一挡。上述车床中电动机的容量是 2.2 kW。变频器容量 $S_N = 6.9$ kV·A（配用 PMN ＝3.7 kW 电动机），额定电流 $I_N = 9$ A。

（2）变频器控制方式的选择。

① U/f 控制方式。车床除了在车削毛坯时负载大小有较大变化，在以后的车削过程中，负载的变化通常是很小的。因此，就切削精度而言，选择 U/f 控制方式是能够满足要求的。但在低速切削时，需要预置较大的 U/f。在负载较轻的情况下，电动机的磁路常处于饱和状态，励磁电流较大。因此，从节能的角度看，U/f 控制方式并不理想。

② 无反馈矢量控制方式。在无反馈矢量控制方式下，新系列变频器已经能够在 0.5 Hz 的频率时稳定运行，所以其完全可以满足普通车床主拖动系统的要求。由于无反馈矢量控制方式能够克服 U/f 控制方式的缺点，故该控制方式是一种最佳选择。

③ 有反馈矢量控制。有反馈矢量控制方式虽然是运行性能最为完善的一种控制方式，但由于需要增加编码器等转速反馈环节，不但增加了费用，而且编码器的安装也比较麻烦。所以，除非该机床对加工精度有特殊需求，一般没有必要采用此种控制方式。

目前，国产变频器大多只有 U/f 控制功能，但在价格和售后服务等方面较有优势，可以作为首选对象。大部分进口变频器的矢量控制功能都是既可以无反馈，也可以有反馈，但也有的变频器只配置了无反馈控制方式，如日本日立公司生产的 SJ300 系列变频器。采用无反馈矢量控制方式进行选择时需要注意变频器能够稳定运行的最低频率（部分变频器在无反馈矢量控制方式下实际稳定运行的最低频率为 5~6 Hz）。

通过上述几种控制方式的比较，结合本例，可选择 U/f 控制方式的变频器，型号为 FR - A540 - 3.7K - CH。

3）变频器的频率给定

变频器的频率给定方式可以有多种，应根据具体情况进行选择。

（1）无级调速频率给定。从调速的角度看，采用无级调速方案增加了转速的选择性，且电路也比较简单，是一种理想的方案。它既可以直接通过变频器的面板进行调速，也可以通过外接电位器进行调速。但在进行无级调速时必须注意，当采用两挡传动比时，存在着一个电动机的有效转矩线小于负载机械特性的区域。无级调速频率给定示意图如图 6.24 所示。

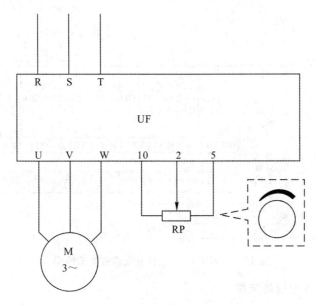

图 6.24 无级调速频率给定示意图

(2) 分段调速频率给定。由于该车床原有的调速装置是由一个手柄旋转 9 个位置(包括 0 位)控制 4 个电磁离合器来进行调速的。为了防止在改造后操作人员一时难以掌握，要求调节转速的操作方法不变，故采用电阻分压式给定方法，如图 6.25 所示。图中，各挡电阻值的大小应使各挡的转速与改造前的相同。

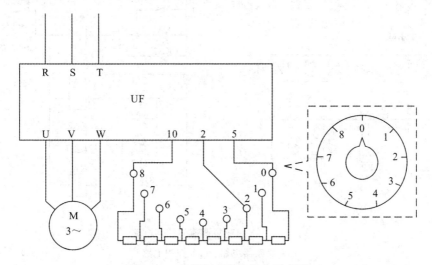

图 6.25 分段调速频率给定示意图

3. 利用 PLC 进行分段调速频率给定

如果车床还需要进行较为复杂的程序控制而应用了 PLC，则分段调速频率给定可通过 PLC 结合变频器的多挡转速功能来实现，如图 6.26 所示。图中，转速挡由按钮开关(或触摸开关)来选择，通过 PLC 控制变频器的多段速度，选择端子 RH、RM、RL 的不同组合，得到 8 挡转速。电动机的正转、反转和停止分别由按钮开关 SF、SR、ST 控制。

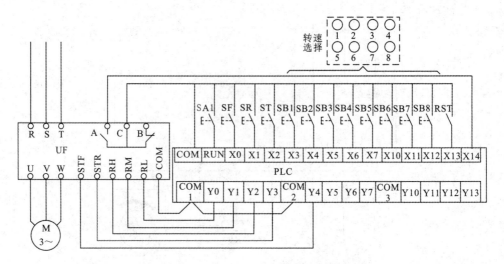

图 6.26　利用 PLC 进行分段调速频率给定

4. 变频调速系统的控制电路

1）控制电路

通过前面的分析，本车床主拖动系统采用外接电位器调速的控制电路，如图 6.27 所示。图中，接触器 KM 用于接通变频器的电源，由 SB1 和 SB2 控制；继电器 KA1 用于正转，由 SF 和 ST 控制；KA2 用于反转，由 SR 和 ST 控制。

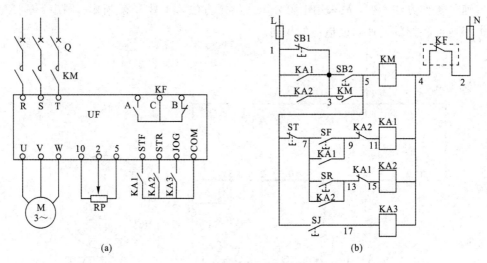

图 6.27　车床变频调速的控制电路

(a) 变频器电路；(b) 控制电路

正转和反转只有在变频器接通电源后才能进行，变频器只有在正、反转都不工作时才能切断电源。由于车床需要有点动功能，故在电路中增加了点动控制按钮 SJ 和继电器 KA3。

2）主要电器的选择

(1) 空气断路器 Q 的额定电流 I_{QN} 的选择如下：

$$I_{QN} \geqslant (1.3 \sim 1.4)I_N = (1.3 \sim 1.4) \times 9 = 11.7 \sim 12.6 \text{ A}$$

所以选 $I_{QN} = 20$ A。

（2）接触器 KM 的额定电流 I_{KN} 选择如下：

因 $I_{QN} \geqslant I_N = 9$ A，故选 $I_{KN} = 10$ A。

（3）调速电位器：选 2 kΩ/2 W 电位器或 10 kΩ/1 W 的多圈电位器。

5. 变频器的预置功能参数

1）基本频率与最高频率

（1）基本频率。在额定电压下，基本频率预置为 50 Hz。

（2）最高频率。当给定信号达到最大时，对应的最高频率预置为 100 Hz。

2）U/f 预置方法

使车床运行在最低速挡，按最大切削量切削最大直径的工件，逐渐加大 U/f，直至能够正常切削，然后退刀，观察空载时是否因过电流而跳闸。如不跳闸，则预置完毕。

3）升、降速时间

考虑到车削螺纹的需要，将升、降速时间预置为 1 s。由于变频器容量已经提高了一挡，因此升速时不会跳闸。为了避免降速过程中跳闸，将降速时的直流电压限值预置为 680 V（过电压跳闸值通常大于 700 V）。经过试验，能够满足工作需要。

4）电动机的过载保护

由于所选变频器容量提高了一挡，故必须准确预置电子式热保护装置的参数。在正常情况下，变频器的电流取用比为

$$I = \frac{I_{MN}}{I_N} \times 100\% = \frac{4.8}{9.0} \times 100\% = 53\%$$

因此，将保护电流的百分数预置为 55% 是适宜的。

5）点动频率

根据用户要求，将点动频率预置为 5 Hz。

6.5.3　龙门刨床的变频调速改造

1. 龙门刨床的构造与工作特点

1）龙门刨床的基本结构

龙门刨床主要用来加工机床床身、箱体、横梁、立柱、导轨等大型机件的水平面、垂直面、倾斜面以及导轨面等，是重要的工作母机之一。它主要由以下 7 个部分组成，如图 6.28 所示。

（1）床身。床身是一个箱形体，其上有 V 形和 U 形导轨，用于安置工作台。

（2）刨台。刨台也叫工作台，用于安置工件，其下有传动机构，可顺着床身的导轨做往复运动。

（3）横梁。横梁用于安置垂直刀架。在切削过程中严禁动作，仅在更换工件时移动，用以调整刀架的高度。

（4）左右垂直刀架。左右垂直刀架安装在横梁上，可沿水平方向移动，刨刀也可沿刀架本身的导轨垂直移动。

（5）左右侧刀架。左右侧刀架安置在立柱上，可上、下移动。

（6）立柱。立柱用于安置横梁及刀架。

（7）龙门顶。龙门顶用于紧固立柱。

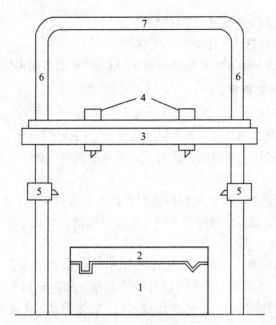

1—床身；2—刨台；3—横梁；4—左右垂直刀架；5—左右侧刀架；6—立柱；7—龙门顶

图 6.28　龙门刨床结构

2）龙门刨床的刨台主运动

　　龙门刨床的刨削过程是工件（安置在刨台上）与刨刀之间作相对运动的过程。因为除进给运动外，在加工过程中刨刀是不动的，所以龙门刨床的主运动就是刨台频繁地往复运动。所谓往复运动周期，是指刨台每往返一次的速度变化过程。以国产 A 系列龙门刨床为例，其运动示意及往复周期如图 6.29 所示。

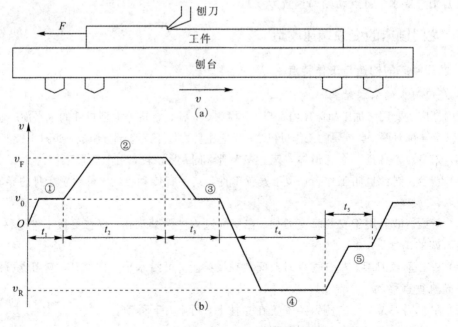

图 6.29　刨台的运动示意及往复周期

（a）刨台的运动示意；（b）往复周期

在图 6.29 中，v 为线速度；t 为时间。各时间段 $t_1 \sim t_5$ 的工作状况如下：

（1）刨台启动、刨刀切入工件时段 t_1。为了减小在刨刀刚切入工件的瞬间刀具所受的冲击，防止工件被崩坏，速度较低，为 v_0。

（2）正常刨削时段 t_2。刨台加速至正常的刨削速度 v_F。

（3）刨刀退出工件时段 t_3。为了防止工件边缘被崩裂，故将速度又降低为 v_0。

（4）高速返回时段 t_4。返回过程是不切削工件的空行程，为了节省返回时间，提高工作效率，返回速度应尽可能快一些，设为 v_R。

（5）缓冲时段 t_5。返回行程即将结束、再反向到工作速度之前，为了减小对传动机构的冲击，又应将速度降低为 v_0。之后，便进入下一周期，重复上述过程。

3）刨台运动的负载性质

具体地说，刨台的计算转速是 25 m/min。

（1）切削速度 $v_Q \leqslant 25$ m/min。在这一速度段，由于受刨刀允许切削力的限制，在调速过程中负载具有恒转矩性质。

（2）切削速度 $v_Q > 25$ m/min。在这一速度段，由于受横梁与立柱等机械结构强度的限制，在调速过程中负载具有恒功率性质。刨台运行的机械特性曲线如图 6.30 所示。

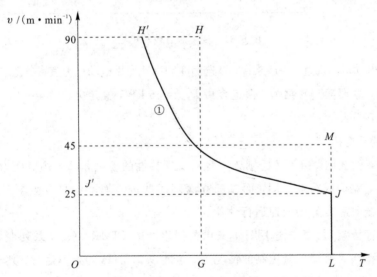

图 6.30　刨台运动的机械特性曲线

2. 应用变频器对龙门刨床刨台主运动进行改造

1）电动机的选择

（1）原刨台电动机的数据。原刨台电动机的数据为：电动机容量 $P_{MN} = 60$ kW，额定转速 $n_{MN} = 1880$ r/min。

（2）异步电动机容量的确定。由于负载的高速段具有恒功率特性，而电动机在额定频率以上也具有恒功率特性，因此，为了充分发挥电动机的潜力，电动机的工作频率应适当提高至额定频率以上，使其有效转矩线如图 6.31 中的曲线②所示。图中，曲线①是负载的机械特性。由图可以看出，所需电动机的容量与面积 OLKK′成正比，和负载实际所需功率十分接近。上述 A 系列龙门刨床的主运动在采用变频调速后，电动机的容量可减小为原来直流电动机的 3/4，即 45 kW 就已经足够。但考虑到当异步电动机在额定频率以上时，尽管从发热的角度看，其有效转矩具有恒功率的特点，但在高频时其过载能力有所下降，为留有余地，选择容量为 55 kW 的电动机，其最高工作频率定为 75 Hz，如图 6.31 所示。

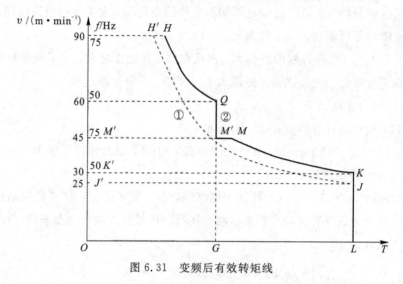

图 6.31　变频后有效转矩线

（3）异步电动机的选型。一般来说，以选用变频调速专用电动机为宜。今选用 YVP250M-4 型异步电动机，主要额定数据为：额定容量 P_{MN}＝55 kW，额定电流 I_{MN}＝105 A，额定转矩 T_{MN}＝350.1 N·m。

2）变频器的选择

（1）变频器的选型。由于龙门刨床本身对机械特性的硬度和动态响应能力的要求较高，且龙门刨床常与铣削或磨削兼用，而锐削和磨削时的进刀速度约只有刨削时的百分之一，故要求拖动系统具有良好的低速运行性能。

综合各方面因素，本系统选用日本安川公司生产的 CIMR-G7A 系列变频器。该系列变频器即使工作在无反馈矢量控制的情况下，也能以 0.3 Hz 的频率运行，其输出转矩达到额定转矩的 150%，能够满足拖动的要求。

（2）变频器的容量。变频器的容量只需和配用电动机容量相符即可。因电动机的容量为 55 kW，故变频器的容量为 98 kV·A，额定电流为 128 A。

3）主电路其他电器的选择

（1）空气断路器 Q。因为空气断路器 Q 的额定电流 I_{QN}≥(1.3～1.4)I_N＝(1.3～1.4)×128＝166.4～179.2 A，所以选 I_{QN}＝170 A。

（2）接触器 KM。因为接触器 KM 的额定电流 I_{KN}≥I_N＝128 A，所以选 I_{KN}＝160 A。

（3）制动电阻与制动单元。如前所述，刨台在工作过程中，处于频繁往复运行的状态。为了提高工作效率、缩短辅助时间，刨台的升、降速时间应尽量短。因此，直流回路中的制动电阻与制动单元是必不可少的。

① 制动电阻的值。根据说明书,选取制动电阻 $R_B = 10\ \Omega$。

② 制动电阻的容量。说明书提供的参考容量是 12 kW,但考虑到刨台的往复十分频繁,故制动电阻的容量应比一般情况下的容量加大 1~2 挡。选取制动电阻的容量 $P_B = 30$ kW。

4)刨台主运动变频调速的控制电路

(1)往复指令。

刨台在往复周期中,实现速度变化的指令信号是由刨台下面专用的接近开关的状态得到的。接近开关的状态又由装在刨台下部的 4 个"接近块"(相当于行程开关的挡块,分别编以 1、2、3、4 号)的接近情况所决定,如图 6.32(a)所示。图中,为了直观起见,仍用行程开关和挡块来表示。SQ1、SQ2 用来决定刨台的运行情况;SQ5、SQ6 是极限开关,用于对刨台极限位置进行保护。

各接近开关在不同时序中的状态如图 6.32(b)所示。图中"1"表示接近开关被"撞";"0"表示接近开关复位。

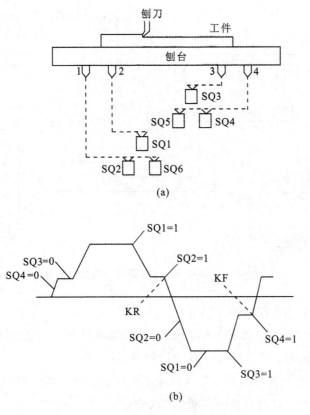

图 6.32　刨台往复周期中的指令信号

(a)刨台的往复运动;(b)刨台运动的时序图

假设刨台正处于刨削过程中,各行程开关的动作顺序如下。

① 退出工件段。挡块 2 碰 SQ1,使刨削速度降为低速,刨刀准备退出工件。

② 高速返回段。挡块 1 碰 SQ2，使刨台高速返回。如果刨台因 SQ2 发生故障而未返回，则挡块 1 将碰 SQ6，迫使刨台停止运行。在返回过程中，SQ2 与 SQ6 相继复位。

③ 缓冲段。挡块 3 碰 SQ3，使返回速度降为低速，准备反向。

④ 切入工件段。挡块 4 碰 SQ4，刨台反向，低速切入工件。如果刨台因 SQ4 发生故障而未反向，则挡块 4 将碰 SQ5，迫使刨台停止运行。在反向过程中，SQ4 复位。

⑤ 正常切削段。SQ3 复位，刨台升速为所要求的切削速度。

（2）控制电路。

由于龙门刨床的实际控制电路，除刨台的往复运动外，还必须考虑刨台运动与横梁、刀架之间的配合运动等，故控制电路采用 PLC 较为方便。刨台主运动变频调速的控制电路如图 6.33 所示。

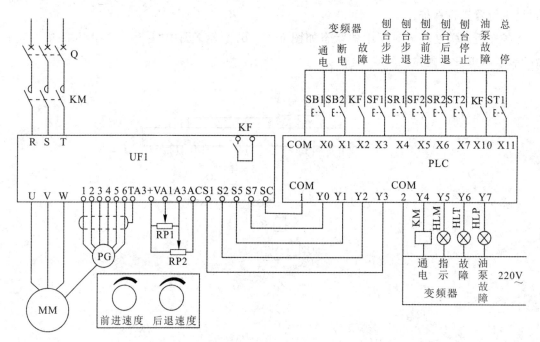

图 6.33　刨台主运动变频调速的控制电路

变频调速控制电路的控制特点如下：

① 变频器的通电。当空气断路器合闸后，由按钮 SB1 和 SB2 控制接触器 KM，进而控制变频器的通电与断电，并由指示灯 HLM 进行指示。

② 速度调节。刨台的刨削速度和返回速度分别通过电位器 RP1 和 RP2 来调节。刨台步进和步退的转速由变频器预置的点动频率决定。

③ 往复运动的启动。通过按钮 SF2 和 SR2 来控制往复运动的启动，具体按哪个按钮，须根据刨台的初始位置来决定。

④ 故障处理。一旦变频器发生故障，触点 KF 闭合，切断变频器的电源，同时指示灯 HLT 亮，进行报警。

⑤ 油泵故障处理。一旦变频器发生故障，继电器 KF 闭合，PLC 将使刨台在往复周期结束之后停止刨台的继续运行，同时指示灯 HLP 亮，进行报警。

⑥ 停机处理。正常情况下按 ST2，刨台应在一个往复周期结束之后才切断变频器的电源。如遇紧急情况，则按 ST1，使整台刨床停止运行。

5）变频器的功能参数预置

（1）频率给定功能：

① b1−01＝1：控制输入端 A1 和 A3 均为输入电压给定信号。

② H3−05＝2：当 S5 断开时，由输入端 A1 的给定信号决定变频器的输出频率；当 S5 闭合时，由输入端 A3 的给定信号决定变频器的输出频率。

③ H1−03＝3：使 S5 成为多挡速 1 的输入端，并实现上述功能。

④ H1−06＝6：使 S8 成为点动信号输入端。

⑤ d1−01＝10 Hz：点动频率预置为 10 Hz。

（2）运行指令：

① b1−02＝1：由控制端子输入运行指令。

② b1−03＝0：按预置的降速时间减速并停止。

③ b2−1＝0.5 Hz：电动机转速降至 0.5 Hz 开始"零速控制"（若无速度反馈，则开始直流制动）。

④ b2−2＝0：直流制动电流等于电动机的额定电流（无速度反馈时）。

⑤ E2−03＝30 A：直流励磁电流（有速度反馈时）。

⑥ b2−04＝0.5 s：直流制动时间为 0.5 s。

⑦ L3−05＝1：运行中自处理功能有效。

⑧ L3−06＝100％：运行中自处理的电流限值为电动机额定电流的 160％。

（3）升降速特性：

升降速时间：

① C1−01＝5 s：升速时间预置为 5 s。

② C2−02＝5 s：降速时间预置为 5 s。

升降速方式：

① C2−01＝0.5 s：升速开始时的时间。

② C2−02＝0.5 s：升速结束时的时间。

③ C2−03＝0.5 s：降速开始时的时间。

④ C2−04＝0.5 s：降速结束时的时间。

升降速自处理：

① L3−01＝1：升速中的自处理功能有效。

② L3−04＝1：降速中的自处理功能有效。

（4）转矩限制功能：

① L7−01＝200％：正转时转矩限制为电动机额定转矩的 200％。

② L7－02＝200％：反转时转矩限制为电动机额定转矩的200％。

③ L7－03＝200％：正转再生状态时的转矩限制为电动机额定转矩的200％。

④ L7－04＝200％：反转再生状态时的转矩限制为电动机额定转矩的200％

（5）过载保护功能：

① E2－01＝105 A：电动机的额定电流为105 A。

② L1－01＝2：适用于变频专用电动机。

6) 编制 PLC 控制程序

参考程序梯形图如图 6.34 所示。

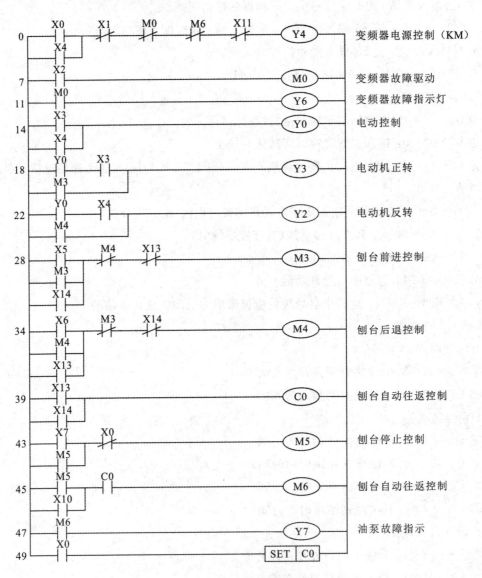

图 6.34　参考程序梯形图

3. 应用变频器对龙门刨床刨台刀架运动进行改造

1）进刀量的控制的一般方法

刨台在往复运动过程中，每次从刨台返口转为刨台前进时，刀架应进行一次进刀运动，进刀量通常通过机电结合的方式进行控制。进刀控制结构如图 6.35 所示。

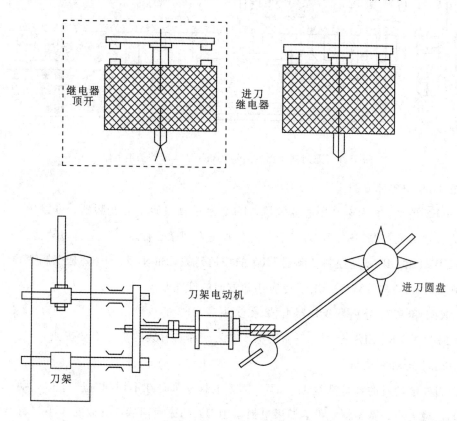

图 6.35　进刀控制结构

当刨台返回完、准备反向时，给出进刀信号，刀架电动机开始旋转，刀架进刀。与此同时，进刀圆盘也开始转动，如图 6.35 中虚线框内所示。当圆盘上的齿顶开继电器时，电动机断电，停止进刀，不同的进刀量将通过不同的圆盘来控制。也有的刀架是采用较精密的电子时间继电器，通过控制进刀的时间来控制进刀量的。

2）刀架的变频调速

由于变频器能够十分准确地控制运行频率和升、降速时间，而 PLC 又能够准确地计时。因此，采用 PLC 配合变频调速来控制进刀量，不但简化机械结构，还能提高控制进刀量的精度。

刀架变频调速系统的基本电路如图 6.36 所示。

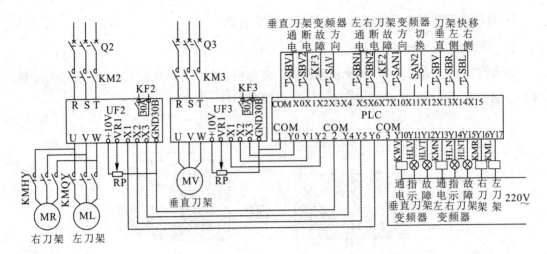

图 6.36　龙门刨床刨台刀架变频调速系统的基本电路

对图 6.36 中各部分的说明如下：

（1）UF2 是左、右刀架共用的变频器，UF3 是垂直刀架用的变频器，可以用一个三位切换开关 SAN2 来控制。SAN2 的三个位置分别是左刀架、右刀架和左右刀架。

（2）SBV1 和 SBV2 是控制变频器 UF3 的按钮开关，SBN1 和 SBN2 是控制变频器 UF2 的按钮开关，SAV 和 SAN1 是用于切换移动方向的旋钮开关。

（3）KF2 和 KF3 分别是变频器 UF2 和变频器 UF3 的故障信号。

（4）SBV、SBR、SBL 分别是垂直刀架、左刀架和右刀架的快速移动按钮。

3）刀架电动机的选择

三台刀架电动机的容量都是 1.5 kW。刀架的移动都是在不切削时进行的，因此，刀架电动机的负载大小是基本恒定的。如果更换了刨刀，则更换前后，负载的大小将有所变化，但变化也极小。此外，刀架电动机的负载属于短时负载。在工作期间，电动机的发热将达不到稳定温升。因此，电动机可能是在过载状态下运行的。

4）刀架变频器的选择

由于刀架电动机的负荷变化不大，故即使是 U/f 控制方式也能满足要求，选择变频器时应主要考虑经济因素。今选国产的森兰 SB60 系列变频器。

考虑到刀架电动机可能工作在过载状态下，故变频器的容量宜适当加大：垂直刀架用变频器选 3.6 kV·A（配 2.2 kW 电动机）、5.5 A 的变频器；而左右刀架用变频器则选 6.4 kV·A、9.7 A（配 3.7 kW 电动机）的变频器。

5）其他电器的选择

（1）空气断路器：

① Q2：因 Q2 的额定电流 $I_{Q2N} \geq (1.3 \sim 1.4) \times 9.7 = 12.61 \sim 13.58$ A，故选 $I_{Q2N} = 15$ A。

② Q3：因 Q3 的额定电流 $I_{Q3N} \geqslant (1.3 \sim 1.4) \times 5.5 = 7.15 \sim 7.7$ A，故选 $I_{Q3N} = 15$ A。

（2）接触器：

① KM2：因 KM2 的额定电流 $I_{K2N} \geqslant 9.7$ A，故选 $I_{K2N} = 10$ A。

② KM3：因 KM3 的额定电流 $I_{K3N} \geqslant 5.5$ A，故选 $I_{K3N} = 10$ A。

（3）制动电阻和制动单元：因为自动进刀时速度很低，所以停止时可直接采用直流制动方式。因快速移动时属于辅助操作，次数又不多，对制动时间无严格要求，故不必配置制动电阻和制动单元。

6）变频器的功能参数预置

（1）频率给定功能：

① F001＝0——只用主给定信号或辅助给定信号。

② F002＝2——从 VRI 端输入给定信号。

（2）运行控制功能：

① F004＝1——由外接端子控制变频器的运行。

② F005＝2——变频器面板上的停止按钮有效。

③ F006＝0——正、反转由电位控制（二线控制）。

④ F007＝2——停机时首先按预置的降速时间降速，然后实行直流制动。

（3）升、降速功能：

① F009＝5 s——升速时间预置为 5 s。

② F010＝5 s——降速时间预置为 5 s。

（4）电动机的过载保护：

F011＝2——变频器的电子热保护功能有效。

F012＝60％——当电动机的电流超过 3.3 A 时，过载保护开始起作用。

（5）控制方式：

① F013＝0——选择 U/f 开环控制方式。

② F100＝0——U/f 线为直线。

③ F101＝50 Hz——基本频率为 50 Hz。

④ F102＝380 V——最大输出电压为 380 V。

⑤ F103＝15——转矩补偿选择第 15 挡。

（6）输入端子功能：

① F500＝13——端子 X1 为正转功能。

② F501＝14——端子 X2 为反转功能。

③ F502＝10——端子 X3 为点动功能。

7）编制 PLC 控制程序

参考程序梯形图如图 6.37 所示。

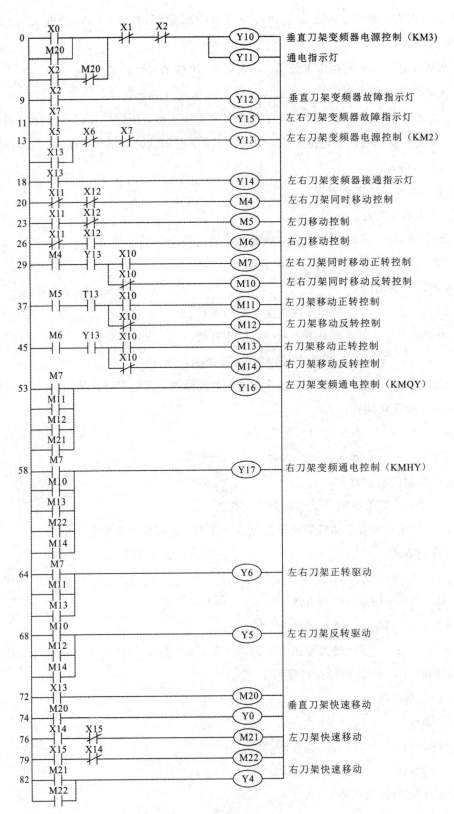

图 6.37　PLC程序梯形图

项　目　小　结

本章主要介绍了变频器在典型工业控制系统中的应用，包括变频器在风机、小型货物升降机、恒压供水系统、中央空调系统、机床改造中的应用，变频器在工业控制系统当中得到了十分广泛的应用。大量地对变频器进行推广使用，能够有效地提高生产的效率以及产品的质量。变频器技术适应了时代发展的要求，是与工业节能环保最匹配的一门技术，因此要在工业上能够持续地节能环保，就要研究和应用变频器技术，使变频器技术成为工业节能环保的真正依靠。

技能训练 7　变频器在机床改造中的应用实训

一、普通车床的变频调速改造

1. 按照控制要求，安装控制电路

按照图 6.27 所示装接变频器控制电路。

2. 对变频器的功能进行预置

按照控制要求，对照相关知识所叙述的参数，对变频器的参数进行逐一设置。

3. 系统调试

结合实际情况进行现场调试，根据控制要求进行适当修改，以满足车床主拖动系统的控制要求。

二、龙门刨床的变频调速改造

1. 龙门刨床的刨台主运动的变频调速改造

（1）按照控制要求，安装控制电路。

按照图 6.33 所示装接变频器控制电路。

（2）对变频器的功能进行预置。

按照控制要求，对照相关知识所叙述的参数，对变频器的参数进行逐一设置。

（3）输入 PLC 编制程序。

按照图 6.34 所示输入 PLC 控制程序。

（4）系统调试。

结合实际情况进行现场调试，根据控制要求进行适当修改，以满足刨床刨台主运动的控制要求。

2. 龙门刨床的刨台刀架运动的变频调速改造

（1）按照控制要求，安装控制电路。

按照图 6.36 所示装接变频器控制电路。

（2）对变频器的功能进行预置。

按照控制要求，对照相关知识所叙述的参数，对变频器的参数进行逐一设置。

（3）输入 PLC 编制程序。

按照图 6.37 所示输入 PLC 控制程序。

（4）系统调试。

结合实际情况进行现场调试，根据控制要求进行适当修改，以满足刨床刨台刀架运动的控制要求。

三、训 练 评 估

训练评估表如表 6.8 所示。

表 6.8　训练评估表

训练内容	配　分		得　分
普通车床的变频调速改造	20 分	电路接线 5 分	
		参数设定 5 分	
		调试运行 10 分	
龙门刨床的刨台主运动与刨台刀架运动的变频调速改造	30 分	分析设计 5 分	
		电路接线 5 分	
		参数设定 5 分	
		调试运行 15 分	
安全生产	10 分	不合格不得分	
合计			

技 能 综 合 实 训

1. 实训目的

（1）培养学生自行设计实训方案、实训电路的能力。

（2）培养学生独立完成实训和撰写实训报告的能力。

（3）培养学生独立工作和综合运用所学知识的能力。

2. 实训要求说明

运用变频器、控制及拖动系统等相关的理论知识，设计一个变频恒压供水系统并完成以下各项（可参考项目六任务 3 内容）：

（1）设计变频恒压供水系统主电路。

（2）设计控制电路。

（3）绘制完整的系统控制电路图。

（4）进行安装调试。

（5）撰写实训小结。

思考与练习题

1. 简述风机变频调速改造的步骤。

2. 若采用 PLC 代替图 6.2 所示电路的继电控制电路部分，要求不变。试设计有关控制电路，画出相应的梯形程序图，进行安装调试。

3. 对某厂锅炉房的风机进行变频调速改造，控制室在楼上，要求既能在控制室对风机进行控制，也能在楼下的现场进行转速控制，试设计其控制电路。

4. 根据图 6.4 分析升降机下降的工作原理。

5. 恒压变频供水的优点是什么？

6. 描述当供水能力小于用水流量时，变频恒压供水的工作过程。

7. 某 30 kW 的风机原来用风门控制其风量，所需风量约为最大风量的 80%，试分析采用变频器调速后的节能效果。

8. 用 PLC、变频器设计一个刨床控制系统，要求如下：刨床工作台由一台电动机拖动，当刨床在原点位置时（原点为左限与上限位置，车刀在原点位置时，原点指示灯亮），按下启动按钮，刨床工作台按照如图 6.38 所示的速度曲线运行。请写出 PLC 输入输出分配，画出 PLC 与变频器的接线图，编写 PLC 程序，写出变频器参数并进行调试。

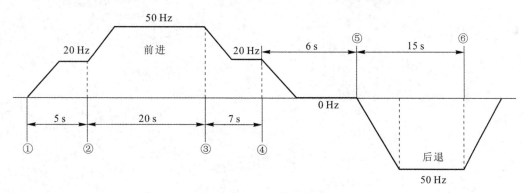

图 6.38 工作台速度曲线

9. 变频恒压供水与传统的水塔供水相比，具有什么优点？

10. 如何选择变频恒压供水的水泵和变频器？

11. 为什么恒压供水系统最好选择专用供水变频器？

12. 简述恒压供水系统 PID 模拟调节的步骤。

13. 某恒压供水系统所用压力传感器的量程为 0~1.6 MPa，实际需要压力为 0.4 MPa，试确定在进行 PID 控制时的目标值。

14. 若采用 PLC 控制替代本项目中的有关继电器控制，试设计有关控制电路，编写控制程序，并进行安装调试。

15. 简述中央空调系统的组成及工作原理。

16. 在中央空调中，冷却水循环系统和冷冻水循环系统是如何进行控制的？它们的控制依据是什么？

17. 中央空调的改造方案的步骤分别有哪些？
18. 用变频器改造中央空调后，除了可以节省大量的电能，还有哪些优点？
19. 车床主拖动系统有哪些运动？
20. 如何选择车床主拖动系统中变频器的容量和控制方式？
21. 对变频器进行频率给定的方法有哪些？画出相应的控制电路。
22. 刨床刨台主运动的一个往复周期有哪些时段？
23. 简述应用变频器对龙门刨床刨台主运动进行改造的方法。
24. 刨床刀架变频调速系统由哪几部分组成？其中 PLC 主要完成哪些控制功能？

附录　珈玛 JM8000 系列通用型变频器

珈玛 JM8000 系列通用型变频器是福建珈玛电气有限公司自主开发的高性能变频器。珈玛电气有限公司专业致力于变频器、伺服驱动器、软启动器等综合产品的研发、生产、销售与服务，在工控及传动领域具有自主创新品牌。多年来，珈玛电气有限公司砥砺前行，锐意进取，取得了一次又一次里程碑式的发展。该公司先后与国内多所知名院校建立了产学研及校企合作，2017 年，珈玛品牌是福州市职业技能竞赛的指定专用产品。该公司以客户意愿为目标，紧贴市场的需求，研发推出了 JM6800 系列通用型变频器、JM8000 系列高性能矢量变频器、JM1000 系列精巧型变频器、JM－A 外置旁路软启动器、JM－C 在线式软启动器及软启动柜等产品，产品主要定位于国内中高端市场，助力工业企业转型升级。

1. 珈玛 JM8000 系列通用型变频器产品简介

珈玛 JM8000 系列通用型变频器是福建珈玛电气有限公司主要开发生产的高品质、多功能、低噪声的矢量控制通用型变频器。通过对电动机磁通电流和转矩电流的解耦控制，可实现转矩的快速响应和准确控制，及转矩控制在线切换、转速跟踪、内置 PLC、内置 PID 控制器和给定及反馈信号断线监测切换、掉电保护、故障信号追忆、故障自动重起、内置制动单元、28 种故障监控、丰富的 I/O 端子和多达 16 种的速度设定方式等功能，能满足各类负载对传动控制的需求。

(1) 功率范围：0.75 kW～400 kW/380 V。

(2) 技术特点如下：

① 实现高速高性能控制，集矢量控制（SVC）、U/f 控制、转矩控制三种控制方式于一体；

② 过载能力：150％额定电流输出电流 2 min，180％额定输出电流 10 s；

③ 速度控制精度：±0.5％；

④ 速度控制范围：1～100 r/s。

2. 珈玛 JM8000 系列通用型变频器的外形、基本运行配线图及安装尺寸

珈玛 JM8000 系列通用型变频器的外形及基本运行配线图分别如附图 1 和附图 2 所示，其安装尺寸如附表 1 所示。

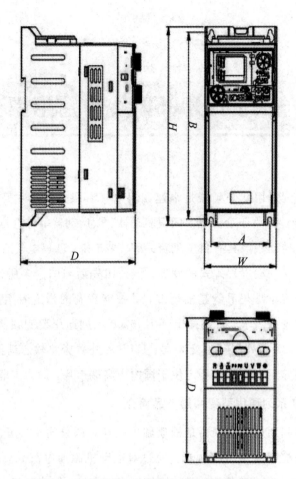

附图 1　珈玛 JM8000 系列通用型变频器外形

附表 1　珈玛 JM8000 系列通用型变频器安装尺寸

型号	A/mm	B/mm	H/mm	W/mm	D/mm	安装孔/mm	备注
	安装尺寸		外围尺寸				
0.75 kW - 4.0 kW	78	200	212	95	154	5	塑壳
5.5 kW - M	78	200	212	95	154	5	塑壳
5.5 kW - 11 kW	129	230	240	140	180.5	5	塑壳
15 kW - 22 kW	188	305	322	205	199	6	塑壳
30 kW - M	188	305	322	205	199	6	塑壳
30 kW - 45 kW	195	430	450	270	265	605	铁壳
55 kW	240	541	560	320	280	9	铁壳
75 kW - 110 kW	240	646	665	380	282	9	铁壳

注：M 表示小体积结构。

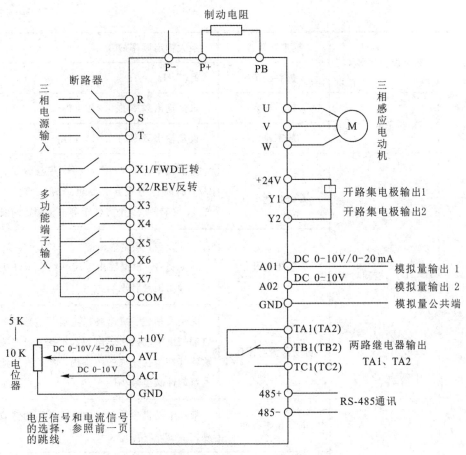

附图 2 珈玛 JM8000 系列通用型变频器基本运行配线图

3. 珈玛 JM8000 系列通用型变频器技术规范

珈玛 JM8000 系列通用型变频器的技术规范如附表 2 所示。

附表 2 珈玛 JM8000 系列通用型变频器的技术规范

输入	额定电压，频率	三相：AC 380 V；50/60 Hz
		单相：AC 220 V；50/60 Hz
	电压允许变动范围	三相：AC 360 V～ 450 V
		单相：AV 190 V～250 V
输出	电压	0～460 V　　　　0～260 V
	频率	低频模式：0～300 Hz
		高频模式：0～3000 Hz
	过载能力	G 型机：100% 长期；150% 1 分钟；200% 4 秒
		P 型机：105% 长期；120% 1 分钟；150% 1 秒
控制方式	U/f 控制、高级 U/f 控制、U/f 分离控制、无 PG 电力矢量控制	

附表一

特性	定分辨率	模拟端输入	最大输出频率的 0.1%
		数字设定	0.01 Hz
	频率准度	模拟输入	最大输出频率的 0.2% 以内
		数字输入	设定输出频率的 0.01% 以内
控制特性	U/f 控制	U/f 曲线 (电压频率特性)	基准频率在 0.5～3000 Hz 任意设定，多点 U/f 曲线任意设定，亦可选择恒转矩、降转矩 1、降转矩 2、平方转矩等多种固定曲线
		转矩提升	手动设定：额定输出的 0.0～30.0% 自动提升：根据输出电流并结合电动机参数自动确定提升转矩
		自动限流与限压	无论在加速、减速或稳定运行过程中，都能自动侦测电动机定子电流和电压，依据独特算法将其抑制在允许的范围内，将系统故障跳闸的可能性减至最小
	无感矢量控制	电压频率特性	根据电动机参数和独特算法自动调整输出压频比
		转矩特性	启动转矩： 3.0 Hz 时 150% 额定转矩（U/f 控制） 1.0 Hz 时 150% 额定转矩（高级 U/f 控制） 运行转速稳态精度：≤±0.2% 额定同步转速 速度波动：≤±0.5% 额定同步转速 转矩响应：≤20 ms（无 PG 电流矢量控制）
		电动机参数自测定	不受任何限制，在电动机静态及动态下均可完成参数的自动检测，以获得最佳控制效果
		电流与电压抑制	全程电流闭环控制、完全避免电流冲击，具备完善的过电流、过电压抑制功能
	运行中欠压抑制		特别针对低电网电压和电网电压频繁波动的用户，即使在低于允许的电压范围内，系统亦可依据独特算法和残能分配策略，维持最长可能的运行时间

附表二

典型功能	多段速与摆频运行		十六段可编程多段速控制、多种运行模式可选。摆频运行：预置频率、中心频率可调，断电后的状态记忆和恢复
	PID 控制 RS-485 通信		内置 PID 控制器（可预置频率）。标准配置 RS-485 通信功能，多种通信协议可选，具备联动同步控制功能
	频率设定	模拟输入	直流电压 0~10 V，直流电流 0~20 mA（上、下限可选）
		数字输入	操作面板设定，RS-485 接口设定，UP/DW 端子控制，也可以与模拟输入进行多种组合设定
	输出信号	数字输出	两路 Y 端子开路集电极输出和两路可编程继电器输出（TA、TB、TC），多达 61 种意义选择
		模拟输出	两路模拟信号输出，输出范围在 0~20 mA 或 0~10 V 之间灵活设置，可实现设定频率、输出频率等物理量的输出
	自动稳压运行		根据需要可选择动态稳压、静态稳压、不稳压三种方式，以获得最稳定的运行效果
	加、减速时间设定		0.1 s~3600.0 min 连续可设定，S 型、直线型模式可选
	制动	能耗制动	能耗制动起始电压、回差电压及能耗制动率连续可调整
		直流制动	停机直流制动起始频率：0.00~【F00.13】上限频率 制动时间：0.0~100.0 s 制动电流：0.0~150.0％额定电流
		磁通制动	0~100 0；无效
	低噪声运行		载波频率：1.0~16.0 kHz 连续可调，最大限度降低电动机噪声
	转速追踪速再启动功能		可实现运转中电动机的平滑再启动及瞬停再启动功能
	计数器		内部计数器一个，方便系统集成
	运行功能		上、下限频率设定，频率跳跃运行，反转运行限制，转差频率补偿，RS485 通信，频率递增、递减控制，故障自恢复运行等
显示	操作面板显示	运行状态	输出频率、输出电流、输出电压、电动机转速、设定频率、模块温度、PID 设定、反馈量、模拟输入输出等
		报警内容	最近六次故障记录，最近一次故障跳闸时的输出频率、设定频率、输出电流、输出电压、直流电压、模块温度等 6 项运行参数记录
保护功能	过电流、过电压、欠压、模块故障、电子热继电器、过热、短路、输入及输出缺相、电动机参数调谐异常、内部存储器故障等		
环境	周围温度		-10℃~+40℃（环境温度在 40℃~50℃，请降额使用）
	周围湿度		5％~95％RH，无水珠凝结
	周围环境		室内（无阳光直晒，无腐蚀、易燃气体，无油雾、尘埃等）
	海拔		1000 米以上降额使用，每升高 1000 米降额 10％
结构	防护等级		IP20
	冷却方式		风冷，带风扇控制
安装方式	壁挂式、柜式		

参 考 文 献

[1] 姜慧，张虹. 变频器技术及应用[M]. 北京：机械工业出版社，2019.

[2] 王廷才. 变频器原理及应用[M]. 3 版. 北京：机械工业出版社，2015.

[3] 李良仁. 变频调速技与应用[M]. 3 版. 北京：电子工业出版社，2015.

[4] 薛晓明. 变频器技术与应用[M]. 北京：北京理工大学出版社，2009.

[5] 杜金城. 电气变频调速设计技术[M]. 北京：中国电力出版社，2001.

[6] 郭艳萍. 变频器应用技术[M]. 北京：北京师范大学出版社，2015.

[7] 田效伍. 交流调速系统与变频器应用[M]. 2 版. 北京：机械工业出版社，2018.

[8] 王金斗，游芳. 电力电子技术及应用[M]. 北京：中国建材工业出版社，2013.

[9] 李方园. 变频器应用技术[M]. 3 版. 北京：科学出版社，2019.

[10] 张建国，李捷辉，巩海滨. 电工电子技术[M]. 西安：西安电子科技大学出版社，2021.